虹鳟传染性造血器官坏死病的研究及防控

魏文燕　汪开毓　杨　倩　刘　韬◎主编

海洋出版社

2024年·北京

图书在版编目（CIP）数据

虹鳟传染性造血器官坏死病的研究及防控 / 魏文燕
等主编. -- 北京 ：海洋出版社，2024. 8. -- ISBN 978-
7-5210-1285-9

Ⅰ. S943.122

中国国家版本馆CIP数据核字第2024UU8918号

责任编辑：杨　明
责任印制：安　淼

海洋出版社 出版发行

http://www.oceanpress.com.cn

北京市海淀区大慧寺路 8 号　　邮编：100081

涿州市般润文化传播有限公司印刷　　新华书店经销

2024年8月第1版　　2024年8月第1次印刷

开本：787 mm×1092 mm　　1／16　　印张：8.75

字数：142千字　　定价：128.00元

发行部：010-62100090　　总编室：010-62100034

海洋版图书印、装错误可随时退换

本书编委会

主　编　魏文燕（成都市农林科学院）

汪开毓（四川农业大学）

杨　倩（西南医科大学）

刘　韬（西北农林科技大学）

副主编　李良玉（成都市农林科学院）

刘家星（成都市农林科学院）

严太明（四川农业大学）

参　编　（按姓氏笔画排序）

王　俊（四川省水产局）

石　滟（成都市动物疫病预防控制中心）

朱　玲（四川农业大学）

安建国（成都市农林科学院）

杨　马（成都市农林科学院）

何晟毓（广东海大集团股份有限公司）

何琦瑶（理县农业农村水利和科技局）

张小丽（成都市农林科学院）

陈　霞（成都市农林科学院）

陈　健（成都市农林科学院）

赵　敏（武汉回盛生物科技股份有限公司）

唐　洪（成都市农林科学院）

陶丽竹（成都市农林科学院）

谢　恒（四川农业大学）

瞿炼石（雅安市农业农村局）

前　言

传染性造血器官坏死病（Infectious Hematopoietic Necrosis，IHN）是由传染性造血器官坏死病病毒（Infectious Hematopoietic Necrosis Virus，IHNV）引起的，以鲑科幼鱼造血组织坏死为主要特征的传染性疾病，该病具有高发病率和高死亡率的特征。IHN 最初在美国西北部发现，随后病原体传播到欧洲和亚洲。1985 年，中国首次报道该病。成都地区具有丰富的冷水资源，与云南、贵州、黑龙江、陕西等地冷水资源相比，具有温差小、无结冰、水质好等特点，是中国鲑鳟鱼养殖的主要区域，而 IHN 每年带来的损失巨大。IHN 的暴发不仅影响养殖生产，更影响生产企业的养殖积极性和出口创汇能力，严重制约了我国冷水鱼产业的快速发展。因此，了解 IHN 的流行病学特征、致病机理、病理变化等具有重要意义。

2014 年，四川农业大学鱼病防治中心汪开毓教授团队开始在西南地区开展鲑鳟鱼 IHN 诊断及防治技术研究工作。2017 年开始，成都市农林科学院联合四川农业大学鱼病研究中心开展成都市鲑鳟鱼 IHN 的分子流行病学调查工作，先后前往成都及周边地区鲑鳟鱼主要养殖区展开 IHN 的分子流行病学调查，了解 IHN 在成都地区的流行和分布情况，IHNV 感染的动态病理学和组织分布情况。2014 年，项目团队在成都都江堰市某养殖场调查发现该病，病鱼主要临床症状表现为腹部膨大，体表发黑，肛门拖淡黄色黏液便，解剖见鳔壁、腹膜出血，胃胀气膨大和明显肠炎，细菌学检查为阴性；通过取病鱼组织匀浆滤菌液接种到鲤上皮瘤细胞，盲传 3 代出现典型的细胞病变效应，同时经多重 RT-PCR 检测显示为 IHNV 阳性。通过 Mid-G 基因系统发育分析表明，此分离株和其他中国分离株均为 JRt 基因型，同源性分析表明四川分离株与日本株和韩国株具有相对最高核酸同源性。2017 年，项目团队在成都彭州市某虹鳟养殖场调查到暴发该病，导致养殖虹鳟死亡率高达90%，其典型症状与余泽辉等（2015）调查的情况相似。通过构建 g 基因区域的系统发育树发现，这株 IHNV 与亚洲分离株聚为一簇，亦属于 JRt 基因型，同源性分析表明该分离株与日本株和韩国株具有相对最高核酸同源性。项目团队根据成都地区虹鳟 IHNV 分离株制备相应的灭活疫苗、核酸疫苗、卵黄抗体和干扰素一类免疫制剂作为新型生物类药物成为该病防控的化学药物替代品，同时开发稳定、特异、灵敏、快速、准确、规范且适用于养殖生产的鲑科鱼类 IHNV 逆转录–聚合酶链式反应检测方法，为该疾病的有效预防和准确诊断提供科学依据，防止因 IHN 暴发而引起的养殖鲑鳟大面积死亡，对保障鲑科鱼类水产业持续稳定健康发展起到了重要作用。

本书由项目团队这些年的工作与研究成果汇集而成，介绍了 IHNV 病原学研究成果及 IHN 临床症状和病理变化，从感染条件、感染过程对 IHN 致病机理进行了探讨，从现场调查及临床诊断和病理学检查、分子生物学检查、血清学检查、病原分离培养鉴定等方面着重介绍了 IHN 的发病病理学，总结了我国目前 IHN 检测和防疫的各种技术标准，从疫苗制备、非特异性免疫、被动免疫、RNA 干扰技术、抗病育种等方面提出了一套生态综合防控策略。

本工作得到了 2021 年四川省科技厅重点研发面上项目"鲑鳟重大病害——IHN 防控关键技术及产品的研究与应用"和 2018 年成都市科技局科研创新项目"水产新品种与新技术的研究"、2020 年成都市科技局重大科技应用示范项目"畜禽水产健康养殖技术集成研究与应用"、2022 年成都市科技局技术创新研发项目"冷水鱼重大病毒性疾病 IHN 的早期预警与防控技术研究"的大力支持，并向所有的参考文献作者及本书出版付出辛勤劳动的人员致以衷心感谢。

限于编者水平及参考资料，书中难免出现疏漏和不足之处，恳请广大读者提出宝贵意见和建议。

编　者
2024 年 7 月

目 录

第一章　虹鳟养殖概况

虹鳟（*Oncorhynchus mykiss*），又称瀑布鱼、七色鱼、虹鲑，是原产于北美洲太平洋沿岸及堪察加半岛一带的一种冷水性鱼类，多栖于清澈无污染的冷水中，以食鱼虾为主。因体上布有小黑斑，体侧有一红色带，如同彩虹，因此得名"虹鳟"。

虹鳟肉质鲜嫩，味美，无腥味，含有丰富的不饱和脂肪酸和氨基酸，还含有大量的 B 族维生素，尤其是维生素 B_{12}，以及硒、碘、氟等对人体代谢有重要作用的微量元素，具有很好的药用及食用价值，能降低血液中胆固醇的浓度，预防由动脉硬化引起的心血管疾病，减少炎症，预防癌症扩散，还可提高大脑功能。虹鳟经济价值较高，肉色鲜红，香甜可口，堪称"鱼品之王"，无论生吃或熏制，味道都比较好，因而在市场上非常畅销；鱼卵粒大如黄豆，富含高度不饱和脂肪酸和卵蛋白，是享誉世界的高档营养食品。

第一节　虹鳟简介

一、分类学地位

虹鳟隶属于硬骨鱼纲（Osteichthyes）、鲑形目（Salmoniformes）、鲑科（Salmonidae）、鲑亚科（Salmoninae）、太平洋鲑属（大马哈鱼属）（Oncorhychus）。历史上，众多研究者对虹鳟的分类地位意见不同，除现在的学名外，虹鳟还曾有 *Salmo mykiss*、*Parasalmo mykiss*、*Salmo gairdneri* 等名称，直到 1988 年，虹鳟的分类地位才从鲑属（*Salmo*）改为大马哈鱼属（*Oncorhychus*），种名确定为 *mykiss*。

二、生物学特性

（一）形态特征

虹鳟体呈纺锤状，略侧扁。体长为体高 3.8 ~ 4.1 倍，为头长 3.6 ~ 3.7 倍；体高为体宽 1.9 ~ 2.3 倍。头侧扁，头长为吻长 4.3 ~ 4.7 倍，为眼径 3.9 ~ 4.3 倍，为眼间距 3.3 ~ 3.5 倍，为尾柄长 1.7 ~ 2 倍。尾柄长为尾柄高 1.3 ~ 1.6 倍。吻钝圆，微突出。鼻孔位于吻侧，距眼较距吻端略近，前后鼻孔间有一小皮膜突出。眼稍大，侧中位，后缘位于头前后正中点稍前方。眼间隔圆凸。口大，位低；上颌骨外露，约达眼后缘。下颌骨、前颌骨与上颌骨有 1 行稀齿，犁骨与腭骨亦有齿，犁骨齿沿轴达骨中后部。舌游离，背面有齿 2 纵行，齿行间为浅凹沟状。鳃孔大，下端达眼中央下方。鳃膜游离且分离，最长鳃耙约等于瞳孔长。背鳍始于体前后中点稍前方，前距为后距 1.3 ~ 1.4 倍；背缘斜形，微凸；第 2 分支鳍条最长，头长为其长 1.9 ~ 2.2 倍，远不达肛门。脂背鳍位臀鳍基后端上方，后端游离。臀鳍似背鳍，头长为第 2 分支臀鳍条 1.7 ~ 2.1 倍。胸鳍侧位，位低，圆刀状；第 3 鳍条最长，头长为其长 1.6 ~ 1.8 倍，远不达背鳍。腹鳍始于第 4 分支背鳍条基下方，圆刀状，头长为第 3 腹鳍条 1.9 ~ 2.1 倍，略不达肛门。肛门位于臀鳍稍前方，其后有泌尿生殖孔。尾鳍叉状，叉深约为鳍长 1/3。背鳍Ⅲ-9 ~ 10；臀鳍Ⅲ ~ 10；胸鳍Ⅰ-15 ~ 16；腹鳍Ⅰ-10；尾鳍 x-17-x。鳃耙数 8+12；纵行鳞数约 135；鳃膜条骨数约 12。

虹鳟（图 1-1）鲜鱼体背侧暗蓝绿色，两侧银白色，腹侧白色；背鳍、脂背鳍与尾鳍有许多小黑点，其他鳍灰黑色，基部较淡，性成熟个体沿侧线有一条呈紫红色和桃红色、宽而鲜红的彩虹带，直沿到尾鳍基部，在繁殖期尤为艳丽。似彩虹，故名。雌雄鉴别的主要外观依据是头部，头大、吻端尖者为雄鱼，吻钝而圆者为雌鱼。

图1-1　虹鳟

（二）生活习性

虹鳟是在鲑科等冷水性鱼类中对较高水温具有一定耐受力的一种，喜栖息于清澈、水温较低、溶解氧较多、流量充沛的水域。虹鳟生活极限温度为 0 ~ 30℃，喜栖息于水温为 8 ~ 20℃的水域中。人工养殖条件下适宜生活温度为 12 ~ 18℃，最适生长温度为 16 ~ 18℃，此时虹鳟摄食旺盛、生长迅速；低于 5℃或高于 20℃时，食欲减退，生长减慢；超过 24℃时摄食停止，以后逐渐衰弱而死亡。在人工养殖过程中，当水温上升到 20℃时就应密切关注，长时间高温环境下，养殖虹鳟即有危险。人工饲养条件下，水温为 8 ~ 10℃时，当年鱼可长到 30 ~ 50 g，第二年长到 300 ~ 600 g，第三年鱼长到 800 ~ 1 000 g；水温为 12 ~ 14℃时，当年鱼可长到 100 ~ 250 g，第二年可长到 500 ~ 1 000 g，第三年可长到 1 000 ~ 2 000 g；水温为 14 ~ 18℃时，50 ~ 100 g 鱼种经 6 个月的饲养即能达到 600 ~ 900 g。

虹鳟喜欢群栖于溶解氧充足的地方，对水中溶解氧要求较高，养殖时一般要求 7 mg/L 以上，10 ~ 11.5 mg/L 时生长速度快；低于 5 mg/L 时，呼吸频率加快；4 mg/L 时，鱼群开始在注水口大量聚集，鱼的头部呈现黄色，鳃盖外张，出现浮头和死亡；冬季低于 2 mg/L、夏季低于 3 mg/L 即大批死亡，为虹鳟的致死点。虹鳟鱼卵的胚胎发育也和水中溶解氧密切相关，溶解氧量高，其胚胎发育和卵黄素吸收速度加快，在低氧环境下发育速度减缓且孵出的仔鱼畸形率增高。

水体酸碱度要求为 5.5 ~ 9.2，以弱碱性或中性为宜，最适 pH6.5 ~ 8。酸性环境中，氢离子刺激鱼体鳃部黏液分泌增多，过多的黏液沉积在鳃部对呼吸有抑制作用而致害，而弱碱性环境中氢离子与有毒氨氮（NH_3）结合生成 NH^{4+}，可减弱其毒性作用。

虹鳟是广盐性鱼类，随个体的成长对盐度的适应能力逐渐增强，上浮稚鱼适宜盐度为 5 ~ 8，1 龄鱼为 20 ~ 25，成鱼为 35。当体质量达 35 g 以上时，只要经半咸水过渡，也能适应于海水生活。

（三）繁殖习性

虹鳟雌雄异体，体外受精。雄性个体性腺发育比雌性提早一年，雄性 2 ~ 4 龄成熟，雌性个体 3 ~ 5 龄成熟，高寒地区性成熟所需时间更长，一般要 4 年。天然水域中产卵场分布在有石砾的河川或支流中，雌、雄鱼同掘产卵坑，雄鱼保护。虹鳟每年产卵一次，怀卵量因年龄和个体大小不同，一般 2 500 ~ 6 000 粒。卵沉性，卵径 4 ~ 7 mm，呈淡黄色、橙黄色、橘红色或红色，卵粒颜色因亲鱼的食物来源不同而有所差异。精液乳白色，精液中的精子在高盐度和缺氧的生理环境中不具有活动能力，如遇到淡水则立即激活，激烈运动，此时可完成受精运动。

产卵期因水温、光照而有所差异，中国主要养殖区域虹鳟的产卵期在四川地区为11月至翌年2月，北京、山西地区为12月至翌年1月，黑龙江为1—3月。虹鳟对光周期的变化较为敏感，调节光照周期通过内分泌调节系统加速或延迟性腺的成熟，进而控制虹鳟的产卵期，则全年可实现人工繁殖孵化。受精卵孵化水温为4～13℃，最适水温为8～12℃。水温6℃时，约70日孵化出膜；12℃时，26日孵化出膜。仔鱼全长15～18 mm，卵黄囊长5～9 mm，宽3～6 mm。孵出的鱼苗靠卵黄供给营养，经15～20 d卵黄囊吸收2/3时，鳔开始充气上浮，鱼苗向水上层游动觅食。上浮稚鱼全长18～23 mm，口开启时鳃耙形成，鳍褶消失，背鳍、臀鳍、尾鳍的软骨条开始出现，幼鳟黑色斑变为紫红色彩虹带。虹鳟的胚胎发育也与水中溶解氧密切相关，溶解氧高，其胚胎发育和卵黄囊吸收速度快，在低溶解氧环境下速度减慢，且孵出的仔鱼畸形率升高。

（四）摄食习性

虹鳟性情活泼，能跳跃摄饵，天然水域中幼体阶段以浮游动物、底栖动物和水生昆虫为主，成鱼以鱼类、甲壳类、贝类及水生昆虫为食，也取食水生植物和陆生动物，在海里生活时则以小鱼及头足类为食。人工饲养条件下经驯化也摄食鱼粉、蚕蛹、豆饼等人工饲料。会进行小距离的迁移，如果是溯河产卵型或是湖泊型的鱼种则会进行长距离的迁移。全年均可摄食，产卵期照常捕食，每日清晨和黄昏摄食最旺。

第二节 虹鳟养殖概述

一、养殖发展历史

天然水域中虹鳟分布于北美洲的太平洋沿岸及堪察加半岛一带，阿拉斯加的克斯硅姆河以及落基山脉西侧的加拿大，以及美国和墨西哥西北。美国是世界上最早进行虹鳟人工养殖探索的国家。1872年，美国生物学家将野生虹鳟发眼卵从太平洋西岸移到内陆地区进行孵化、养殖，发现其发眼卵便于运输、稚鱼开口可食人工饵料从而可以实现虹鳟人工驯养，以虹鳟为主的冷水性鱼类养殖很快传到欧亚大陆。1866年开始传到美国东部、欧洲、大洋洲、南美洲、东亚地区增养殖，1877年传到日本；1945年1月由日本输入朝鲜平安北道球场养鱼场及京畿道清平养鱼场，1948年朝鲜水产省淡水鱼研究所接管球场养鱼场，翌年人工孵化成功。

20 世纪 80 年代，虹鳟已发展成为世界广泛养殖品种之一，如今已遍布全球 120 多个国家和地区，养殖方式主要是淡水集约化流水养殖、海水网箱养殖及淡水网箱养殖。在北美洲、英国、丹麦、法国与意大利，大部分的虹鳟以流水池在淡水中养殖，而在智利与斯堪的纳维亚半岛国家，虹鳟先在淡水中养殖，然后移到海水网箱中育成。虹鳟体质量达到 100 g 后，便可驯化在海水中养殖。

虹鳟是世界上最早进行人工驯化养殖的经济鱼类之一，经过 100 多年的人工增养殖探索，如今虹鳟人工养殖已遍布世界五大洲，成为当今世界上分布最为广泛的养殖鱼类之一。虹鳟适应性很广，可在池塘中养殖，也可在湖泊、河流、水库中放养，在流水中饲养全年均可生长，因水温、环境条件和饲养管理等有所差异，在 9℃时，当年鱼可长至 40 ~ 50 g，2 龄期生长速度最快，两年鱼可长至 200 ~ 300 g，三年鱼可达 800 ~ 1 000 g。天然水域中，虹鳟体质量可达 25 kg，人工饲养条件下最大的个体体质量 7.2 kg。

20 世纪初，世界各国开始了虹鳟养殖基础科学和应用技术的研究及推广，虹鳟养殖得以迅速发展。在生物学研究方面：1937 年，美国学者通过改变光周期的方式促使虹鳟性腺提前成熟；1962 年，日本学者通过光控制使虹鳟提前产卵获得成功。在营养需求和饵料配方方面：1920 年，美国西部鱼类营养研究所开始了虹鳟营养生理学研究；1957 年，该所提出虹鳟全价配合饲料配方；1962 年，日本研发出了成本更低、适用范围更广的虹鳟全价配合饲料配方，促进虹鳟养殖饵料进入社会商品化新时期。随着养殖技术的提高，世界虹鳟总产量不断提高。20 世纪 90 年代，美国、挪威、智利、日本等世界虹鳟主要养殖国总产量达 46 万 t，2010 年全球虹鳟总产量突破 70 万 t。

1959 年 4 月，朝鲜赠送给周恩来总理象征中朝友谊的 50 000 颗虹鳟发眼卵和 6 000 尾当年鱼种，由黑龙江水产科学研究所负责试养并建立了我国第一个虹鳟养殖试验站，由此开始了中国虹鳟的养殖和研究工作。1963 年，该试验站育成我国第一代虹鳟成熟亲鱼并取得首次人工繁殖成功。1964 年，北京市接受朝鲜平壤市赠送的 24 尾虹鳟亲鱼、200 尾当年稚鱼在北京市水产研究所试养。1968 年，虹鳟发眼卵生产能力达到 200 万粒，养殖区域扩大到黄河流域的几个省、自治区。1987 年，我国将虹鳟养殖列为国家科委的星火计划项目，并在吉林、山东和黑龙江等省实施，虹鳟养殖得以快速发展。

近年来，我国加快开发冷水资源、扩大冷水性鱼类的养殖规模和范围，但以

虹鳟为代表的冷水性鱼类产量仍较低。据不完全统计，我国虹鳟年生产发眼卵2 500万～2 800万粒，养殖场达800多家，现已遍布我国北京、青海、四川、山西、辽宁、吉林等29个省、市、自治区。2010年度世界虹鳟总产量为72.88万t，中国大陆虹鳟总产量为1.64万t，仅占世界总产量的2.25%。养殖体量是一方面，病害也是产量较低不容忽视的重要原因。在虹鳟养殖过程中，细菌、病毒性疾病是集约化养殖的主要威胁，美国、挪威、日本等虹鳟养殖发达国家在虹鳟病原、病因、预防及治疗技术研究领域取得了较多研究成果，而我国在虹鳟的病害特别是病毒性疾病防治方面研究还较少，还需要更深入的研究以适应现代生态养殖的发展需求。

二、养殖模式

虹鳟主要养殖模式包括传统的网箱养殖、池塘养殖和普通流水养殖，以及改良后的工厂化流水养殖、工厂化循环水养殖模式等。

（一）传统养殖模式

网箱养殖（图1-2）在海水和淡水虹鳟养殖中均比较广泛。其中，海水网箱养殖是将网片组装成箱体放置于宽阔海面上，以网眼进行水体交换，使之产生适合鱼类生长的养殖环境。近海网箱易于操作、成本较低，但饵料浪费大、自然气候影响大、水域污染严重，会导致周围生态环境恶化；深海网箱水流通畅、动物活动区域大、海域环境良好、产品质量好，但不可控因素较多、投资风险大、自然气候影响大且技术有待提升。淡水网箱养殖一般选择在大型水库、宽阔河道或大水面等水量充足、水面大的区域，其产量高、成本低、投资小、管理方便、可充分利用水资源，但养殖密度的不断增加使得水质恶化，生态失衡，鱼类疾病频发。养殖之前，要充分了解养殖区域的具体情况，如水质、水温等，因地制宜，制定好周密的养殖计划。科学投喂也很重要，目前网箱养殖鱼类多选择高蛋白高脂肪的全价配合饲粮。

池塘养殖（图1-3）包括天然池塘和人工池塘养殖，该模式所需养殖水域较小，利于投喂、摄食和捕捞等，但因空间相对封闭，易造成有机物和有毒物质的积累，污染水体，影响养殖动物生长。淡水池塘养殖虹鳟要求饲粮蛋白质水平为45%左右，脂肪水平介于6%～12%，碳水化合物水平为9%～12%。

普通流水养殖、网箱养殖和池塘养殖等都是粗放型养殖，占用的土地、设施和水资源较多,虹鳟饲料浪费,且对水环境有一定污染,因此需要在配合饲料、投喂策略等方面减少饲料对养殖水体的污染,降低虹鳟病害发生,提高其品质。

图1-2 刘家峡水库虹鳟养殖

图1-3 流水池养殖虹鳟

(二)工厂化流水养殖

工厂化流水养殖主要控制养鱼环境,是一种通过对养殖区域进行各种构建改善虹鳟生长环境的流水型养殖模式,如通过搭建塑钢顶棚、覆盖透光性强的塑料薄膜或玻璃等方式构建温室,保证冬季养殖池水温度;同时,夏季加盖黑色双层遮阳网,阻断热量传输,抑制水温升高,或利用浅层地表水来调节水温;或直接搭建厂房,室内设置多个水泥养殖池,最终目的都是保证虹鳟养殖适宜水温。

工厂化流水养殖与池塘养殖相比,降低了环境条件变化对虹鳟生长的影响,

特别是季节更替所带来的温度变化，且投入少、建池简单、占用面积小、周期短、利于虹鳟生长发育。但与此同时，流水养殖由于没有对水进行循环利用，水资源浪费、残饵粪便排放对水环境的污染严重。尽管如此，工厂化流水养殖目前仍是国内使用最多、养殖面积最广的人工养殖方式。

故在此基础上，必须向环境友好、高效健康的节水型养殖转变。借鉴国内外养鳟先进地区经验并结合中国地区自身实际，国内研究出了节水型的"微流水＋液氧增氧"养殖模式。将注水率、养殖水体交换率（平均）降低到仅为常规自然流水养殖模式的 20%～50%，并配备了液态氧增氧系统。研究结果得出，"微流水＋液氧增氧"是一种高效、经济的模式，节水效果显著，且在这种新型养殖模式下，虹鳟养殖生产性能表现良好，各项生产性能指标均可以达到自然流水养殖模式下的水平。

（三）工厂化循环水养殖

工厂化循环水养殖（Recirculating Aquaculture System，RAS）模式是以养殖用水净化后循环利用为核心，节电、节水、节地，符合当前国家提出的循环经济、节能减排、转变经济增长方式的战略需求。虹鳟的工厂化循环水养殖在我国起步不久，其工作原理（图1-4）主要是利用物理过滤和生物过滤相结合的方式去除水体中残饵粪便及氨氮、亚硝态氮等有害物质，再经过调温、增氧、紫外线消毒杀菌、曝气装置去除二氧化碳等一系列净化后重返养殖池，实现养殖水体的循环利用，增加了用水效率，节约水资源，并使得养殖水体保持高溶解氧、低污染和稳定的水环境状态，显著提高了单位水体的生产力，其单产比高产池塘提高了20～80倍，而养殖用水量可节约120～1 600倍。

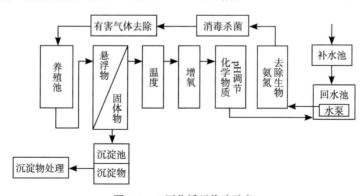

图1-4　工厂化循环养殖示意

与前述流水、网箱及工厂化流水养殖模式相比，工厂化循环水养殖模式实现了节约水土资源、低污染、环境友好、因素可控、高效生产、产品优质安全等优点，在欧洲等发达国家养殖技术相对较成熟，使用较多。但由于这种养殖模式前期投入较高，能耗较高、动物活动范围小、管理技术要求高等特点，且国内这种设备制造及相关技术还不够成熟，目前仅在我国黑龙江、天津等地有所试验，还未普及使用，需进一步在自动化、智能化、设备耐久性、零排放等方面深化研发和不断完善，如精准投喂、有害颗粒物的彻底分离、死亡鱼的自动捡出、氨氮在线监测等，另外，还需加强针对该养殖模式下虹鳟专用配合饲料的研究。

资源节约、环境友好型的循环水养殖已成为我国水产养殖业持续健康发展的必然方向。对虹鳟养殖业而言，其养殖模式也将以资源节约与健康高效为前提，逐渐朝着节水养殖—开放式循环水养殖—封闭式循环水养殖的方向发展。

三、养殖分布

20 世纪 90 年代初期，世界虹鳟养殖总产量高达 46 万 t，其中美国、挪威、智利、英国、加拿大、日本、法国、丹麦及意大利等国家是虹鳟的养殖大国，年生产量都在 2 万 t 以上；日本的养殖场从 1877 年接受美国赠送的 10 000 粒虹鳟发眼卵开始，到现在已经遍及全国；丹麦的大小虹鳟养殖场也达 600 多个，法国的养殖场达 800 多个；而美国作为最早养殖虹鳟的国家，如今已有 45 个州进行虹鳟的养殖。

经过 60 多年的发展，我国虹鳟养殖业发展不断壮大，目前在东部地区至杭州市，西部地区如新疆、青海等地，南方地区至广东省，北方地区至黑龙江等 29 个省、市、地区进行引种推广。根据养殖水体不同，可分为以四川、贵州山区为代表的山涧溪流水养殖、以山东为代表的地下涌泉流水养殖、南方地区的井水流水养殖和以刘家峡水库为代表的水库或水库坝下河道设置网箱养殖。辽宁采用水库底层水进行虹鳟商品鱼的养殖试验，取得良好的经济效益；南方虹鳟养殖场多设在高山、冷水泉、谷地等区域；甘肃虹鳟流水池养殖面积达 1.6 万 m^2，网箱养殖面积达 0.35 万 m^2，虹鳟年产量达 1 222 t。随着我国人民生活水平的不断提高和经济社会的快速发展，广大消费者对优质水产品需求量将会大大增加，因此，我国虹鳟养殖业的发展前景更加广阔，发展潜力更加巨大。

目前，成都市的虹鳟养殖主要分布在彭州、大邑、都江堰等区域，以山区涧流、流水池塘养殖为主，水质良好，水温不超过 23℃，非常适合虹鳟人工养殖。

四、养殖前景与发展趋势

虹鳟具有饲料利用率高、易捕捞、产量大、市场广等优点，是一种优质的冷水性鱼类，因产量高、品质优良已成为联合国粮农组织向世界推广的四大淡水养殖品种之一，在国际上被列为名贵鱼类。虽然其养殖要求有一定流水的冷水资源，且养殖成本较高，但是国内外市场需求大，养殖仍大有前途。

2019 年全球虹鳟的消费量达到 95 万 t，其中的 83 万 t 为养殖虹鳟。随着消费者对健康水产品的认可和对优质蛋白的需求增长，未来十年虹鳟的市场增速将维持在 5% 左右。2019—2029 年间，世界虹鳟的销售额将增加 20 亿美元。未来几年，俄罗斯、日本、中国等东亚国家将成为虹鳟消费增量的主要市场。目前，随着社会和经济的发展，我国市场虹鳟年消费总量逐年增长，国内养殖产量不足以满足市场需求，极大部分仍需依靠进口，市场缺口还很巨大。虹鳟的主产区主要分布在智利、挪威、芬兰、中国等国家。2018 年，智利的生产能力为 7 万 t、挪威为 6.5 万 t、芬兰在 4 万 t 左右、中国的生产能力在 2 万 t 左右。

随着我国经济贸易市场的不断扩张和人民生活水平的不断提高，虹鳟消费市场空间将进一步扩大，虹鳟养殖业也将得到快速的发展。虹鳟具有颜色鲜艳、形态别致、易上钩等特点，已成为极佳的旅游垂钓对象。结合虹鳟养殖的旅游业在我国部分地区已成为农村经济发展的支柱产业，依托虹鳟的繁育和养殖，逐渐形成了养殖、销售、垂钓、加工于一体的产业化结构和结合餐饮、旅游、住宿的现代观光休闲渔业模式，形成了莲花池虹鳟垂钓一条沟、青龙峡垂钓旅游一条沟、椴树岭民俗度假垂钓一条沟、渤海镇冷水鱼一条沟、怀九河冷水鱼一条沟、彭州小鱼洞冷水鱼一条沟等冷水鱼旅游景点，促进了假日经济观光渔业持续发展，创造了显著的综合效益。近几年的发展实践证明，引进国际先进的养殖技术，建立苗种、饵料供给体系，促进虹鳟"产－供－销"一体化发展，坚持"公司＋基地＋农户"的生产模式，以龙头企业带动周边养殖户发展，走产业化的发展道路，能够积极稳妥地推动我国虹鳟养殖业走上健康、快速的发展道路。

第二章 传染性造血器官坏死病对虹鳟养殖的危害

传染性造血器官坏死病（Infectious Haematopoietic Necrosis，IHN）的病原为传染性造血器官坏死病毒（Infectious Haematopoietic Necrosis Virus，IHNV），是一种严重危害鲑鳟鱼类的冷水鱼病毒，对世界鲑鳟养殖业造成了巨大的经济损失，在历史上被认为是制约鲑鳟养殖发展的最重要病原因素。鲑鳟不同品系对病毒的敏感性不同，感染力有所差异。虹鳟对该病毒最为敏感，鱼龄越小对病毒越敏感，一般 2 月龄左右的幼鱼最易感染，该病病程急，发病后死亡率高达 50% ~ 100%。发病虹鳟鱼苗的存活率仅为 20% ~ 30%，全球每年因 IHN 暴发造成的经济损失巨大，该病严重制约了虹鳟养殖业的健康发展。

第一节 传染性造血器官坏死病的发现史

IHN 是由弹状病毒引起的鱼类急性、全身性传染病，主要发生于鳟和太平洋大马哈鱼鱼苗和种鱼，病鱼表现为狂游和造血器官坏死，世界动物卫生组织（World Organization for Animal Health，WOAH）将其列为必须申报的动物疫病，为我国的二类动物疫病，是口岸鱼类一类检疫对象。历史上第一次发现 IHNV 是在 20 世纪 50 年代华盛顿区和俄勒冈州的红鲑鱼（*Oncorhynchus nerka*）孵化场，在红鲑鱼孵化期间，感染 IHNV。随后在 1960 年，IHNV 又在加利福尼亚州大鳞大马哈鱼（*Oncorhynchus tshawytscha*）中暴发，此后迅速传播到欧洲和亚洲，甚至在世界范围内常暴发流行。1968 年，日本从美国阿拉斯加引进大马哈鱼鱼卵时，将 IHNV 引入北海道；1985 年，中国首次报道该病；1987 年 IHNV 传入法国和意大利；1991 年传入韩国；1992 年，德国的研究人员从虹鳟中分离到 IHNV。虽然在 20 世纪 70 年代和 80 年代，IHNV 只是在北美洲地区零星报道，但当时 IHNV 已经成为北美洲太平洋西北部的地方病，一直从阿拉斯加州蔓延到内陆爱达荷州。由于许多国家需要从鲑科鱼类原产地——北美洲地区进口鱼卵，IHNV 通过受感染的鱼卵传播到欧洲和亚洲地区。

第二节　传染性造血器官坏死病的分布

鲑鳟鱼类感染 IHNV 后，致病力高的毒株对鲑鳟幼鱼的致死率达 90% 以上。从该病发现以后，随着病毒携带鱼及其鱼卵的引进，导致病毒在世界范围内大量扩散，目前 IHN 广泛流行于世界各国，是鲑鳟养殖业的重要疫病之一，给鲑鳟养殖造成巨大经济损失。迄今为止，在法国、意大利、德国、英国、日本、韩国、俄罗斯、加拿大、韩国、中国等国家报道暴发该病，IHNV 已遍布全球。近年来，该病在我国多地的冷水鱼养殖场持续暴发，由我国东北、东部、中部各省市向西北、西南各省蔓延，对冷水鱼养殖造成严重威胁。自 1985 年东北地区首次报道 IHN以来，该病在北京、河北、辽宁、吉林、山东、甘肃、青海、四川、新疆和云南等省、市、地区均有分布，并有向周围蔓延的趋势。

中国冷水鱼养殖发展至今已有 60 多年，虹鳟是最早的养殖品种，也是最主要的养殖品种。中国在引进虹鳟等冷水鱼物种的过程中，也将 IHNV 等病源引入。自 1985 年中国首次报道 IHN 疫情以来，该病已经在中国流行 30 多年，并且发生明显变异，对中国冷水鱼养殖业造成严重危害。根据中国 1980—1990 年间的冷水鱼进口情况，IHNV 可能是 1983 年从美国进口银大马哈鱼（*Oncorhynchus kisutch*）的过程中引入中国，这与当前大多数研究人员的观点不同。目前，多数科研人员通过生物信息学手段对中国现有 IHNV 毒株进行遗传进化分析，推断中国现有 IHNV 分离株的来源，并且越来越多的研究人员得出中国 IHNV 可能来源于日本的结论。导致两种观点截然不同的原因主要是流行病学背景信息不全，由于目前无法找到中国首株 IHNV-B 毒株或其基因序列，仅从进出口鱼卵的相关背景得出 IHNV 来源，缺乏确凿证据。但是，仅通过现有 IHNV 毒株的遗传进化分析，进而推断 IHN 来源于日本也不够准确。只有将两者结合起来并进一步扩大中国 IHNV 毒株分离数量，扩大 IHNV 分析数量，才能更加准确地推断 IHNV 源于何处。

在易感动物方面，鲑科鱼类的所有品种均易感，主要包括虹鳟、大鳞大马哈鱼、红鲑鱼、狗鱼（*Oncorhynchus gorbuscha*）、银大马哈鱼、大西洋鲑（*Salmo salar*）、湖红点鲑（*Salvelinus namaycush*）、日本淡水鲇（*Plecoglossus altivelis*）、鲱鱼（*Clupea pallasi*）、大西洋鳕鱼（*Gadus morhua*）、美洲白鲟（*Acipenser transmontanus*）、白斑狗鱼（*Esox lucius*）、海鲈鱼（*Cymatogaster aggregata*）以及一些鲔科鱼类。有些鱼

类虽然可以感染 IHNV，但并不发病或仅出现轻微临床症状，例如银大马哈鱼。

第三节　传染性造血器官坏死病的危害

一、IHN 对鲑鳟养殖的危害

1950—1970 年，IHN 属于地方流行性疾病。但随着进出口贸易的快速发展，该病从北美洲传播开来。IHNV 对幼鱼的致死率可达 70%～90%，某些强毒株的感染可引起鲑鳟稚鱼 100% 的死亡，而 IHNV 感染成年鲑科鱼类不引起临床发病和死亡。目前，此病广泛流行于世界各个地方，已成为世界范围内的鲑鳟鱼病。日本报道该病不仅对幼鱼，还对 300 g 以上的鲑鳟造成了伤害。1992—1996 年间加拿大 British columbia 地区大西洋三文鱼养殖场共暴发 18 次 IHN，平均死亡率为 46.5%，平均每次的暴发时长为 5.8 个月。亚洲是 IHNV 感染与发病的重要地区。

20 世纪 80 年代，虹鳟养殖已经在我国开展，但是规模有限。1985 年，全国有 21 个省、市、自治区开始养殖虹鳟，涉及 50 多个国营、乡镇企业和个体养殖户，虹鳟养殖产业初见端倪。但是，由于养殖技术水平不高和病害时有发生，严重阻碍了当时中国虹鳟养殖业发展。1983—1990 年，中国从美国、日本、苏联和丹麦等国进口了大量鲑鳟发眼卵，IHNV 等疫病也同时传入中国，对刚刚起步的鲑鳟养殖业造成了严重打击，直接导致鲑鳟养殖业停滞不前。出入境检疫不够严格可能是 IHNV 传入中国的重要原因，为了控制和消灭鱼类各种病毒性疾病，有学者建议将"鲑鳟鱼病毒检疫技术"和"病毒病快速诊断技术"列为专项课题进行研究，同时也建议政府部门制定更加严格的防疫卫生制度，学习国外先进经验制定鱼病法规。例如，国外法律规定，一旦感染 IHNV，要采取全池销毁养殖鱼、养殖场设备全面消毒等措施，以达到控制疾病在鲑鳟养殖业中的蔓延态势。另外，养殖户多考虑当前的经济损失，未考虑长远发展，仅是设法推迟和减少鱼的死亡，也是造成鲑鳟疫病难以控制的原因。中国冷水鱼养殖业发展时间短、规模小，与世界其他国家的养殖水平差距很大。1983 年，美国等国家鲑鳟从卵孵出到养成的成活率为 65%，而中国当时仅为 10%～15%，平均单产也仅为发达国家的 10%。造成此局面的原因很多，除了饲料和饲养管理水平低下外，鱼病是一个极为重要的原因。如果有效控制疾病，虹鳟成活率可提高至 50%，鲑鳟产量也将大幅提高。

2006 年起，农业部渔业局在全国各省陆续开展了水生动物疾病监测计划。2013 年，农业部在《兽医公报》首次发布中国水生动物疫病状况报告，对 2011—2012 年中国 5 种水生动物疫病情况进行了介绍。2011 年，全国 IHN 阳性检出率为 20.98%，防控形势比较严峻。2012 年，对全国 3 个省的 18 个县 28 个乡镇的 120 个冷水鱼养殖场展开 IHN 监测，共计抽样 404 份，其中苗种 221 份，食用冷水鱼 183 份，检出 IHN 阳性样品 30 份，阳性检出率为 7.43%，阳性样品均为虹鳟。2012 年，河北抽样 104 份，检出阳性 19 份，阳性检出率为 18.27%。辽宁省抽样 200 份，检出阳性 5 份，阳性检出率 2.5%。甘肃抽样 100 份，均为苗种，检出阳性 30 份，阳性检出率为 30%。中国渔业管理部门对阳性养殖场依法进行了专项调查、分区隔离、进一步监控、消毒、全面监测和全场鱼类移动控制等措施。虽然，2012 年 IHN 阳性检出率比 2011 年有所下降，但是阳性养殖场分布范围呈现出扩大趋势，且阳性养殖场均出现临床症状。另外，苗种 IHNV 的阳性率达到 7.34%，成为 IHNV 在中国传播的主要途径，成为危害冷水鱼养殖的主要原因。由此推断，IHNV 通过苗种在中国进行传播，对冷水鱼养殖业危害不断扩大，今后可能成为中国冷水鱼养殖业的主要危害因素。

二、IHN 造成的经济损失

我国对 IHN 的研究较晚，相关的报道也较少。我国首次暴发 IHN 是在 1985 年渤海冷水性鱼养殖场，累计死亡虹鳟稚鱼约 5 万尾；牛鲁棋等（1988）于 1988 年报道 IHN 在东北地区暴发流行，其中流行的某渔场 60 万尾稚鱼全部死亡，使该场的苗种生产中断一年，造成严重经济损失；1990 年，赵志壮等（1991）分离到该病毒，并报道辽宁省本溪市虹鳟鱼种场稚鱼暴发 IHNV，死亡率近 100%，并且从病料中首次分离出 IHNV，命名为 IHNV-B 株；在 1994 年 11 月至 1995 年 2 月期间，我国台湾省也报道了虹鳟幼鱼大规模感染 IHNV，死亡率高达 95% ~ 100%；随后十年都未见 IHNV 在中国报道。2006 年，刘荭等（2006）利用 PCR 方法从国内两个水产养殖场的牙鲆（*Paralichthys olivaceus*）和虹鳟及从美国进口的匙吻鲟（*Polyodon spathula*）卵中检测到该病毒。

目前，IHNV 的暴发主要集中分布在东北地区（包括黑龙江、辽宁和吉林）虹鳟养殖场，其主要原因可能是该地区从国外频繁运进发眼卵，因当时 IHNV 检疫不严而传入。2014 年 5 月，余泽辉等（2015）在成都都江堰市某虹鳟养殖场调查发现暴发一种传染性疾病，且调查时近两年均有类似暴发性疾病发生，幼鱼和鱼苗死亡率分别高达 40% 和 80%，这是西南地区首次对该病进行报道，同源性分析表明四川分离株与日本株和韩国株具有相对较高核酸同源性。2017 年 10 月，刘韬等（2019）又在成都彭州市某虹鳟养殖场调查到暴发流行疾病，导致养殖虹鳟死亡率高达 90%，同源性分析表明该分离株与日本株和韩国株具有相对较高核酸同源性。我们在此统计了 1985—2017 年报道的中国相关地区 IHNV 的流行情况和造成的损失，见表 2-1。

表 2-1　中国各地区 IHNV 的流行情况和造成的损失

时间	地点	感染种类	流行情况	损失
1985年5月初	营口县建一渔场	虹鳟稚鱼	无详细资料记载	无详细资料记载
1985年6月18—23日	渤海冷水性鱼试验站	虹鳟稚鱼	刚开始投喂饲料2周后出现大面积死亡	累计死亡虹鳟稚鱼约50 000尾
1985—1987年	青海省	虹鳟稚鱼	鱼卵来源于丹麦	无详细资料记载
1986年3月27日	辽宁省本溪市虹鳟渔场	卵黄囊吸收1/3～2/3的虹鳟上浮稚鱼	鱼体质量约为0.13 g，水温8～9℃	该养殖场600 000尾上浮稚鱼几乎全部死亡
1986—1987年	东北地区	鱼卵、仔鱼、上浮稚鱼、摄食上浮稚鱼、5月龄稚鱼、当年鱼和1龄虹鳟等	渤海冷水性鱼试验站、辽宁省本溪市虹鳟渔场和营口县建一渔场均检测到IHNV	对刚孵化到投喂4周之间的稚鱼危害最为严重
1987年4月	渤海冷水性鱼试验站	发病鱼为体质量0.13～0.14 g的虹鳟稚鱼	此次疫情涉及两批次虹鳟稚鱼，病鱼发眼卵均由日本引进	日死亡100～500尾
1990年4月	辽宁省本溪市虹鳟苗种场	虹鳟稚鱼	发病鱼为孵化后7周稚鱼，长约2.5 cm，体质量约0.2 g	死亡率为100%，患病鱼苗全部死亡
2001年3月	深圳市某水产养殖场	牙鲆	发病鱼大小为10～30 cm，发病水温为20℃	1周内累计死亡率为30%，个别池塘死亡率最高为100%
2003年9月	北京市某水产养殖场	虹鳟	无详细资料记载	无详细资料记载

续表

时间	地点	感染种类	流行情况	损失
2005年	甘肃省永昌县	虹鳟	引进鱼卵的过程中，将IHNV引入	随后该病传入永登县、临泽县和其他虹鳟养殖区，对甘肃省冷水鱼养殖造成极大打击
2009年	甘肃省某养殖场	虹鳟	发眼卵孵化成稚鱼且摄食1个月左右	突然出现大面积死亡，死亡率约90%
2010年7月	青海省互助县南门峡文合鲑鱼养殖场	虹鳟	累计死亡6 000尾，约1 500 kg	造成直接经济损失约7万元
2010年	吉林省某养殖场	虹鳟和七彩鲑	无详细资料记载	少量死亡
2011年4月	青海省门源县鲑鳟培育繁殖中心和互助县青海省鲑鳟公司	濒死虹鳟	无详细资料记载	无详细资料记载
2011年12月	黑龙江省某渔场	虹鳟	无详细资料记载	无详细资料记载
2011年	青海省	虹鳟	/	造成约47.1万元经济损失
2012年4月	青海省循化县海鸿渔业开发有限公司	虹鳟	网箱基地养殖	造成一定数量虹鳟死亡
2012年5月	山东省某养殖场	虹鳟苗	无详细资料记载	死亡率达90%
2013年8月	甘肃省永登虹鳟养殖场	虹鳟	患病鱼体质量为20 g	无详细资料记载
2013年	北京市某虹鳟养殖场	虹鳟苗	该批虹鳟苗由美国进口的发眼卵孵化至2 g出现死亡	无详细资料记载
2014年5月	成都市都江堰市某虹鳟养殖场	虹鳟	患病幼鱼体质量为0.42～0.53 kg，鱼苗为0.02～0.04 kg	幼鱼和鱼苗死亡率分别高达40%和80%
2017年10月	成都市彭州市某虹鳟养殖场	虹鳟	患病鱼体质量1～1.5 kg	导致养殖虹鳟死亡率高达90%

此外，在我国的某些地区，研究团队近年来一直致力于鲑鳟 IHN 的流行病学调查和相关研究，刘家星等（2019）报道了 2017—2018 年成都市农林科学院联合四川农业大学鱼病研究中心开展的成都市范围内鲑鳟鱼类传染性造血器官坏死病的分子流行病学调查工作，先后前往成都市内鲑鳟主要养殖区彭州、大邑和都江堰等地展开 IHNV 的分子流行病学调查，截至 2018 年 5 月调查主要情况见表 2-2。

表2-2　2017年9月至2018年5月成都市不同地区鲑鳟感染 IHNV 情况

地区	发病数/例	发病率/%	死亡率/%
彭州	534	32.77	94.29
都江堰	432	25.27	78.43
大邑	231	12.33	74.55

第三章 传染性造血器官坏死病的流行病学调查

处于疾病流行群体范围中的个体通常会被传染性疾病所感染。流行病学是研究水产养殖中疾病的发生、传播和控制的科学,厘清病原体传播途径,充分认识疾病的流行病学原理,对于控制传染性疾病具有非常重要的意义。

病原体必须在宿主体内生长繁殖,才能引起疾病。因此流行病学家都致力于研究病原体的生活史。在许多情况下,IHNV 不能脱离宿主而生存,宿主一旦死亡,IHNV 也就随之失去复制能力。如果 IHNV 在入侵新宿主之前就杀死原宿主,它们也会绝迹。因此,IHNV 杀死了宿主,它们也无法继续存活。一个具有良好适应性的 IHNV,实际上是与宿主平衡共存,它们只从宿主中获取生存所需,对宿主仅有很小的伤害。此类 IHNV 可引起慢性或者长期的感染。当宿主和 IHNV 间达成平衡时,它们都可以生存下来。但是,在宿主尚未对新的 IHNV 产生抵抗力或因养殖管理失当、并发感染及其他一些不利因素引起宿主抵抗力下降时,IHNV 对宿主的严重伤害就会产生。在宿主的进化中,IHNV 对宿主的进化是一种选择压力;选择哪个宿主更利于进化对于病原体也是一种压力。IHNV 通常引起急性感染,其特点为发病迅速来势凶猛。

第一节 流行传播要素

搞清楚一个传染病或者流行性疾病的首要条件是了解其主要的流行因素或者说重要的传播要素。因此,我们绘制了 IHNV 传播和流行过程中一些要素环节(图 3-1),以此作为本章节的概要。对这些流行要素进行全面的把控有助于人类更好地防控 IHNV 的流行和感染,有助于制定合理的防控策略。需要特别注意的一点是,无论是感染动物的病毒还是感染人的病毒,在一定程度上病毒与宿主可能是长期共同存在并共同进化的,我们可能永远也不能彻底消灭一种病毒,同时,如果将一种病毒彻底消灭对整个生态系统来说未必有益。病毒这类微生物,它们作为自然生态的一部分古已有之,我们更需要做的是了解它的生态基础和生物学基础。但是，由于鱼类的人工养殖，不可避免的会走向集约化和反自然生态化的过程，而这一过程中极有可能使得自然界存在的病毒，例如 IHNV，在某些条件下转化或演化为一种具有强烈感染性和致病性的物种；这是我们流行病学研究中尤其需要注意的问题。更需要关注的是，在未来，随着养殖方式和物流方式的剧烈演进，我们关注的流行病学要素也需要随之跟进。目前，总体来说，我们对病毒以及其他一些微生物的研究仍然比较初级，包括一些新出现的流行特点，还需要大量研究，以及一些基础机制的研究也还十分有限。总之，了解 IHNV 的流行特征需要持续不断更进。

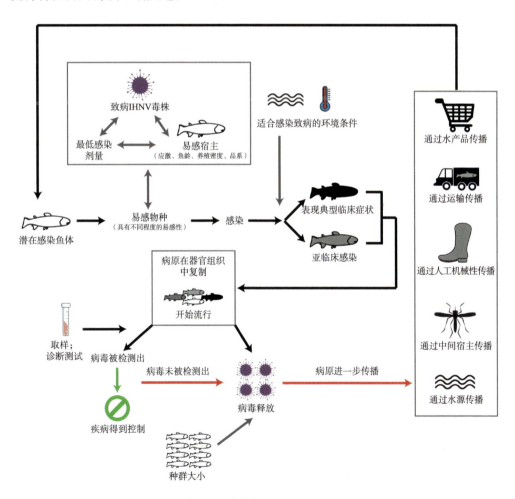

图3-1　涉及IHNV感染和疾病传播的相互作用的流行病学因素概要

第二节　流行地域

IHN 流行地区早期在北美洲的西海岸。1953 年，自美国华盛顿和奥勒冈地区首次发现 IHNV 以来，由于鱼卵及鱼苗在不同国家和地区间交流日益频繁，该病已经传播至世界大多数地区。从历史上看，已经在奥地利、比利时、加拿大、智利、中国、克罗地亚、捷克、法国、德国、伊朗、意大利、日本、韩国、荷兰、波兰、俄罗斯、斯洛文尼亚、西班牙、瑞士和美国等地区报道过 IHN。

根据世界动物健康信息数据库（WAHID-OIE），有九个国家（奥地利、中国、捷克、德国、意大利、日本、荷兰、波兰和斯洛文尼亚）报道了人工养殖鱼类中感染 IHNV。法国和美国报告了 IHNV 所致人工养殖鱼类和野生鱼类的病例，而仅有加拿大报告了 IHNV 所致野生鱼类感染。最近，还有文献显示通过 RT-PCR 检测到该病毒在科索沃的野生鱼类中存在，在土耳其的人工养殖鱼类中也有报道。

我国冷水资源或者说适合冷水养殖的区域覆盖面积十分广阔，包括黑龙江、青海、西藏、新疆、吉林、辽宁、内蒙古、宁夏、甘肃、云南、贵州、四川、重庆等省、市和自治区的部分地区。适合冷水性鱼类生长的湖泊超过 667 亿平方米（10 万平方米以上的湖泊 2 000 多个），因此也是 IHNV 感染并发病的高危地区。

从 1985 年 IHN 首次暴发至今，我国研究人员对 IHN 的研究也取得了巨大的进步。1986—1987 年，牛鲁祺等（1988）率先对东北地区虹鳟疾病展开调查，形成完整调查报告，成为中国冷水鱼疾病研究的重要参考资料；1990 年分离到首株 IHNV 中国株，即 IHNV-B 株；2003 年，首次利用生物信息学方法分析 IHNV；2014 年，首次对 IHNV 中国株基因组进行详细分析，并就 IHNV 中国株进行分子遗传进化分析，为中国 IHNV 研究提供参考。

四川作为具有丰富冷水资源的地区，其冷水养殖资源主要分布在成都、雅安、凉山州、攀枝花、甘孜州、眉山、乐山、阿坝州等地区。而成都比较集中的养殖区主要在彭州、都江堰和大邑，是养殖规模较大、集约化较高、物流较发达、市场消费广阔的地区，同时也是 IHNV 感染并发病比较集中的区域。2014 年 5 月，四川省成都市都江堰市某虹鳟养殖场暴发 IHN 疫情，幼鱼和鱼苗死亡率分别为 40% 和 80%。同时，成都市的崇州、大邑、邛崃和蒲江等地区也具有重要的冷水鱼养殖资源。成都市农林科学院联合四川农业大学鱼病研究中心在以上地区的虹鳟养殖场数次检测到具有感染性和致病性的 IHNV（图 3-2）。同时，课题组在四川多地的虹鳟养殖场调研时，在发病鱼场和未发病鱼场均能检测到 IHNV 感染（图 3-3）。鉴于 IHNV 流行的普遍性，关于 IHNV 的监测和检疫需要更多的日常化，并在基层多加推广。

图3-2　课题组于成都某虹鳟养殖场对感染IHNV的虹鳟采样

图3-3　课题组于四川多地的虹鳟养殖场对虹鳟感染IHNV展开检疫

第三节　易感物种范围

　　易感物种是指已从体内分离或检测出病毒的物种，但不一定会出现 IHN 疾病（但有出现的可能）。水生动物物种是否易受特定病原体感染，决定了该物种是否可以潜在地传播相关病原体，或者通过活体动物或产品的贸易（例如供人类消费的产品）进行传播。因此，对易感物种范围的了解对于遏制疾病传播并防止将其引入无病地区至关重要。易感物种范围的列出是水生动物国际贸易法规的核心部分（用于进入已宣布为无病状态或正在实施根除疾病计划的地区）。对易感物种范围的了解有利于制定明确的监测目标，便于我们了解疾病的地域传播特征，区分发病区和无病区。表 3-1 总结了对 IHN 有明确易感性和部分易感性的物种。

表3-1　对 IHNV 有明确易感性和部分易感性的物种统计

学名	WOAH 认定易感	EFSA 认定易感	显著性死亡
虹鳟（Oncorhynchus mykiss）	是	是	是
奇努克鲑（Oncorhynchus tshawytscha）	是	是	是
银大麻哈鱼（Oncorhynchus kisutch）	是	是	是
红鲑鱼（Oncorhynchus nerka）	是	是	是
马苏大麻哈鱼（Oncorhynchus masou）	是	是	是
琵琶鳟（Oncorhynchus masou rhodurus）	是	是	是
割喉鳟（Oncorhynchus clarki stomias）	是	（是）	是
大西洋鲑（Salmo salar）	是	是	
褐鳟（Salmo trutta）	否	（是）	
斑鳟（Salmo marmoratus）	否	未列出	
湖红点鲑（Salvelinus namaycush）	是	（是）	
黑海鳟（Salmo labrax）	否	未列出	
北极红点鲑（Salvelinus alpinus）	是	（是）	
美洲红点鲑（Salvelinus fontinalis）	是	（是）	
白斑红点鲑（Salvelinus leucomaenis）	是	（是）	

续表

学名	WOAH 认定易感	EFSA 认定易感	显著性 死亡
管吻刺鱼（*Aulorhychus flavidus*）	是	（是）	
欧洲河鳟（*Thymallus thymallus*）	否	未列出	
白斑狗鱼（*Esox lucius*）	是	（是）	
香鱼（*Plecoglossus altivelis*）	是	（是）	
高首鲟（*Acipenser transmontanus*）	是	（是）	
墨西哥海鲂（*Cymatogaster aggregata*）	是	（是）	
太平洋鲱（*Clupea pallasi*）	是	（是）	
大西洋鳕（*Gadus morhua*）	是	（是）	
金头鲷（*Sparus aurata*）	Ⅱ	否	
欧洲鲈（*Dicentrarchus labrax*）	Ⅱ	否	
大菱鲆（*Scophthalmus maximus* L.）	Ⅱ	否	
欧洲鳗鲡（*Anguilla anguilla*）	Ⅱ	（是）	

注：WHOA：世界动物卫生组织；EFSA：欧洲食品安全局

是：认定为易感；（是）：EFSA认定实验条件下易感，在WHOA手册中描述为"偶尔发现是在野外感染的，或显示出对实验感染的敏感性"；Ⅱ：科研数据部分支持了易感性。

在北美洲，IHN 疾病通常发生在红鲑中，包括淡水鲑、红鲑鱼、奇努克鲑、虹鳟和大西洋鲑。IHNV 的不同毒株是导致这些不同物种疾病的原因。在四川发生 IHN 的区域，虹鳟、金鳟（虹鳟变异种）最常见。在俄罗斯，仅在太平洋沿岸的红鲑鱼中报道了该病。在欧洲，仅在虹鳟中报道了 IHN 疾病。在某些欧洲国家迄今为止尚未从大西洋鲑中分离出 IHNV。在欧洲某些区域分离出 IHNV 通常不表现出临床症状或临床疾病的物种主要有欧洲鳗鲡、白斑狗鱼和褐鳟，虽然没有被 EFSA 或 WHOA 列出，但有证据表明，黑海鳟、欧洲河鳟和斑鳟也容易受到感染。尽管 EFSA 报告和 WHOA 诊断手册都提到了大西洋鳕，但 EFSA 报告中引用的文献是基于未命名的来自太平洋西北的鳕鱼，因此很可能是太平洋鳕（*Gadus macrocephalus*），而不是大西洋鳕。鉴定未发生临床疾病的宿主通常来自少数单一报道（并且通常是该报告主题的附带问题），这表明它们是不常见的宿主，并且尚未观察到这些物种的重大死亡事件。

由于临床疾病通常与病原体扩散有关，因此物种对临床疾病的敏感性水平的明显变化对监测计划的规划具有重要影响。对于监测物种，应该确定最有可能发展为临床疾病的物种，因为这会增加病原体检出的机会。例如，在一个既有虹鳟又有其他鳟鱼的养鱼场中，应选择虹鳟进行采样。但是，在考虑制定疾病防控法规时，例如为了控制感染场中活鱼的迁移，由于其构成病原体的潜在途径，因此仍需要控制敏感性低（极有可能发展为临床疾病的物种）的迁移传播。

第四节 宿主感染特征

了解宿主感染的相关特征有助于流行性疾病的诊断，还有助于采集合适组织进行后续更详实的分析，同时，也在一定程度上提供了疾病传播途径的信息。鱼体感染 IHNV 的主要方式是通过水或食物。IHNV 进入鱼体的主要入口被认为是鱼鳃，但是消化系统也可能是感染的途径之一，例如，患病的鱼苗被其他鱼类吞食后可导致进一步感染。

在实验条件下感染的鱼类中，已通过一系列技术跟踪感染过程，包括病毒分离、组织学和免疫组织化学。虹鳟苗和小鱼感染的一般情况是，最初感染后 1 ~ 2 d 在鳃上皮、皮肤、口腔、咽、食道、胃和幽门盲肠中检测到病毒；随后 3 ~ 4 d 在肾脏、脾脏、胸腺、肝脏、肌肉和软骨中检测到病毒；到感染后第 5 d，心脏、胰腺和大脑中也可以发现病毒。在浸泡感染后 6 h，9% 的虹鳟样本的血液或肾脏白细胞中检测到了 IHNV，在感染后 18 h，上述指标的阳性率升高到 70%。IHNV 可在体外培养的白细胞中复制，但有研究者认为 IHNV 通过感染白细胞有利于将病毒传播至整个鱼体，从而导致全身感染。同时，研究表明，通常实验条件下感染致病性 IHNV 毒株 5 d 后引起鱼体死亡。

使用表达荧光素酶基因的重组 IHNV 进行的研究显示，浸泡感染 0.5 g 虹鳟苗，感染计量 5×10^4 pfu/mL 的 IHNV 病毒，在感染后 8 h 于鳍条基部检测到荧光素酶活性。在感染后的前 2 d，在鱼体内器官中未见明显的荧光素酶活性，但在感染后第 3 d，在脾脏和肾脏中检测到明显的荧光素酶活性。感染后第 4 d，在口腔、食道、胃的贲门、幽门囊、肾脏和脾脏以及背鳍中检测到荧光素酶活性。感染后第 1 d、4 d 和 6 d，使用荧光定量 PCR 在浸泡感染虹鳟的背鳍中检测到了 IHNV 的 n 基因和 g 基因。以上这些研究虽然均以虹鳟为感染物种，但上述感染特征在其他鱼种中也大致相同，不会表现出太大差异。

IHNV 的感染过程可能非常迅速。将平均体质量为 1.37 g 的幼龄大鳞大马哈鱼浸泡感染 5.7×10^3 pfu/mL 的 IHNV，1 min 会导致 30% 的鱼体感染（无死亡），而相同浓度的病毒浸泡感染 10 min 后，感染率达到 70%（死亡率 < 10%）。将大鳞大马哈鱼浸入 5.7×10^4 pfu/mL IHNV 中 1 min 也可导致 70% 的感染和较低的死亡率。以上结果表明，当鱼体暴露于较高浓度病毒中时，短短几天内就可在鱼体中检测到病毒，许多组织中都可以检出病毒，并且内脏器官似乎在相对较早的阶段就被感染了，因此在感染早期就可以采集组织样本。

第五节　易感养殖环境

监控程序应当以最大程度地检测出相关病原体的可能性进行设计（包括验证有无潜伏感染）。检测感染的最佳条件是最有可能出现感染的临床表现。IHNV 感染的临床表现受环境条件的影响，包括水温和盐度等。

迄今为止，欧洲描述报道的所有 IHN 暴发和北美洲的大多数 IHN 暴发都发生在淡水中，我国情况也大体如此。然而，在加拿大不列颠哥伦比亚省的海洋围网养殖的大西洋鲑鱼中，也报道了三次 IHN 的大流行。IHNV 在北美洲西海岸大部分地区的野生鲑鱼种群中呈地方性流行，但是在海水中（洄游），野生鲑鱼通常没有临床疾病的报道。

研究表明，通过健康鱼浸泡海水感染实验或健康鱼与感染鱼共养实验均表明大西洋鲑在海水中具有易感性，并可继续发展为有明显临床症状，甚至导致死亡。急性 IHN 的流行病通常发生在水温为 8 ~ 14℃ 的情况下，目前少有报道高于 15℃ 时的感染。据个别报道显示，奇努克鲑在水温高于 17℃ 会表现为长期慢性感染。在实验条件下（淡水），将虹鳟鱼种（0.2 ~ 0.3 g）浸泡在 10^5 pfu/mL 的 IHNV 中后，会在 3 ~ 21℃ 的温度下诱发鱼种死亡。当感染前的虹鳟和红鲑鱼保持在高于 15.5℃ 的温度或在感染后 24 h 内将鱼移至最低 18℃ 并将其保持在该温度 4 ~ 6 d 时，可降低鱼种死亡率。

根据现有信息，针对易感淡水鱼物种的最佳水温条件是 10 ~ 12℃。在海洋环境中，尽管已在多个物种中检测到 IHNV，但是目前由 IHNV 而导致发病的仅仅只在大西洋鲑这一个物种中有所表现。

第六节 品系或家系对传染性造血器官坏死病感染的易感性

除了物种之间易感性有差异外，一系列研究表明，鱼类的品系或家系之间对IHNV的易感性也存在差异。用IHNV感染的鱼苗（由独自配对交配的16个家系的红鲑后代）的平均死亡率为52%～98%。它们的易感性差异基础被认为是遗传差异。在一项类似的研究中，来自22个不同家系的虹鳟（用IHNV感染），死亡率在1 g鱼中为65%～100%，在8 g鱼中为33%～90%，在25 g鱼中为10%～85%。来自华盛顿州的奇努克鲑鱼品系比阿拉斯加品系的鱼苗更易受到IHNV侵害。有许多研究检测了虹鳟的不同克隆对IHNV的抗性。雌核生殖被用于从驯化的虹鳟种群中产生9种虹鳟纯合克隆。用IHNV对这9种纯合克隆鱼分别进行浸泡感染IHNV，其中小于1.0 g的鱼的死亡率范围为16%～100%。在来自25个生长速率不同的家系中的浸泡感染IHNV的虹鳟中观察到了相似的广范围的易感性，其死亡率为7.5%～88.2%。存活率本身与生长速率并不相关，但是感染时的体质量（使用不同家系年龄相仿的鱼）和存活率明显相关。不同品系的虹鳟对IHNV的抗体反应也不同，这也可能影响其生存或死亡。

已证明使用杂交鱼品系可以提高抗病能力。与三倍体虹鳟杂交的三倍体虹鳟比纯倍数二倍体或三倍体虹鳟更能抵抗实验性IHNV浸泡感染。后来的一项研究证实了这一点，该研究比较了虹鳟、美洲红点鲑和银大马哈鱼的二倍体和三倍体纯种和杂交种对IHNV的抗性。与纯种虹鳟后代相比，雌性虹鳟×雄性美洲红点鲑和雌性虹鳟×雄性银大马哈鱼杂交后代对IHNV的浸泡感染易感性或死亡率要低得多。同样，三倍体虹鳟×褐鳟杂交种比纯种虹鳟（80%死亡率）更能抵抗IHNV浸泡感染（死亡率为3%～7%）。然而，银大马哈鱼和奇努克鲑鱼杂交并没有显示出对IHNV更高的抗性。

三倍体褐鳟雌性×湖红点鲑雄性杂交后代的死亡率显著低于虹鳟浸泡感染或注射感染IHNV后的死亡率。2007—2011年，华盛顿州出现了IHNV的M基因组的MD亚群传染虹鳟的情况。影响其感染和流行的最主要因素是不同种群的虹鳟的易感性存在明显差异，而不是不同病毒株的毒力的差异，尽管后者可能确实起到一定程度的作用。这种抵抗在某种程度上是可遗传的。许多研究者已经研究了纯种和杂交抗性的遗传基础。

总之，鱼品系之间的死亡率或发病率水平可能存在显著差异。某些鱼类品系的抵抗力增加意味着仅能检测到感染后表现出症状的临床疾病，而不太可能检测到仅仅只是被 IHNV 感染的无症状鱼。抵抗水平的提高也可能与鱼组织中病原体载量水平降低有关，这使得通过常规采样进行检测的可能性降低。在养殖场中，高易感品系与抵抗力较高的品系同时存在时，应选择高易感品系进行采样。尽管目前尚无此类研究，但一般认为易感性的变化也可能会影响病毒的释放和流行（在抵抗力较高的品系中可能降低），这会影响 IHN 疾病传播动力学与疾病建模有关的研究。

第七节　鱼龄和规格对流行的影响

成鱼可能被感染而没有临床症状或出现死亡，而自然和实验感染中，2 月龄的鱼似乎最容易感染 IHNV。但偶有报道，成鱼会导致死亡，例如 1 龄的大西洋鲑鱼，14 ~ 16 月龄的红鲑和 2 龄红鲑。还有报道，实验条件下感染 IHNV 的性成熟奇努克鲑鱼在感染后 14 d 内死亡。在四川彭州地区的虹鳟养殖场也发现了感染 IHNV 并致死的成年虹鳟（图 3-4）。

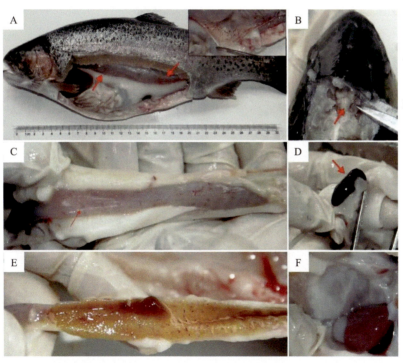

A. 病鱼鳔壁严重出血（箭头）；B. 脑膜弥散有出血点（箭头）；
C/E. 肠道黏膜弥散有出血点（箭头），肠炎；D. 脾脏肿大；F. 心包积液
图3-4　课题组于成都市某虹鳟养殖场对感染IHNV虹鳟采样

通过将试验鱼暴露于六种不同的 IHNV 分离株（五种欧洲株和一种北美株），研究了虹鳟的年龄和规格（2.5 ~ 3 g、15 ~ 20 g 和 40 ~ 50 g）与易感性之间的相关性。感染后 28 d，所有毒株在所有年龄 / 体质量的虹鳟中都能检测到（毒力有所变化）。两种最强毒的毒株（均为欧洲株）所致鱼的死亡率与体质量或年龄无关。另外两个欧洲株对重达 3 g 的鱼具有致死性，但对较大鱼没有致死性。

另一项研究是将四个不同年龄 / 体质量组的虹鳟（0.2 ~ 13.1 g；25 ~ 170 日龄）和红鲑鱼（0.2 ~ 7.2 g；45 ~ 210 日龄）暴露于两种毒株的四种浓度，通过浸泡感染 2 种 IHNV 基因型来确定宿主易感性与宿主年龄 / 规格之间的关系。在所有测试的年龄 / 规格下，虹鳟均易受 II 型 IHNV 毒株的感染，但随着年龄 / 规格的增加，虹鳟对 I 型毒株的敏感性降低。0.2 g（45 日龄）的红鲑鱼对两种基于 LD_{50}（半数致死浓度）的病毒都同样易感，但是其他年龄 / 规格的鱼对 I 型毒株更易感。随着年龄 / 规格的增加，红鲑鱼对 II 型毒株变得有抵抗力，但似乎对 I 型 IHNV 的易感性增加。

还有研究也报道了年龄或体质量对虹鳟苗感染 IHNV 造成的死亡率是否产生影响的实验。根据三种不同的方式喂食在同一日期孵化的鱼苗，形成年龄相同但体质量不同的成鱼鱼群。IHNV 感染 3 月龄的鱼时，三组之间的 LD_{50} 没有差异，但是在鱼龄 4 个月时，存活率随体质量增加而增加。当感染体质量相似（约 4.7 g）但年龄不同（3 或 4 月龄）的鱼时，年长的鱼比年幼的鱼易感得多；但是，当重复使用 4 月和 5 月龄，体质量相似的鱼实验时，年长的鱼更容易感染该病毒，这使研究者得出结论，即年龄或规格并不能决定宿主的易感性。最新一项研究指出，对于相似年龄段的年幼虹鳟来说，感染 IHNV 时，鱼的体质量越高越有利于其存活。

总而言之，对于大多数鱼种的研究均发现，随着鱼龄或体质量的增加，IHNV 的感染性明显降低。

为了便于淡水养殖场的监测，目前的数据表明，幼鱼（低于 20 g）最有可能发生 IHNV 感染并致死。由于幼鱼（低于 20 g）也是高度易感的阶段并可能携带大量病原体，因此应将幼鱼（低于 20 g）作为监测时很有必要的取样对象。目前，尽管数据还不够全面，但对于 20 g 以上的鱼，其年龄 / 体质量与易感性之间似乎没有或几乎没有关联。

应当指出，可能由于成本因素，实验研究通常使用小鱼。除了研究产卵时期的鱼类中病毒水平以外，几乎没有接近市场规模的鱼类的感染性研究的相关数据。另外，许多研究使用死亡率作为感染结果的指标，而往往忽略了亚临床感染。

第四章 传染性造血器官坏死病病原学研究

病原学（Etiology）指的是专门研究疾病形成原因的一门科学，对于感染性疾病的诊治至关重要。IHN 属于烈性传染性病毒性疾病。因此，了解 IHN 病原生物学的特性，将为我国对该疾病的防控和净化提供理论依据，对倡导绿色健康养殖确保水产品安全起着积极作用。

第一节 传染性造血器官坏死病病毒的分类与命名

病毒是一种必须在活细胞内寄生并以复制方式增殖的非细胞型生物，只含一种核酸（DNA 或 RNA）。按寄主不同，划分为植物病毒、动物病毒以及细菌病毒（噬菌体）；按遗传物质不同，划分为 DNA 病毒（单 / 双股 DNA 病毒、双股 DNA 反转录病毒）、RNA 病毒（单 / 双股 RNA 病毒、单股 RNA 反转录病毒和裸露 RNA 病毒）和蛋白质病毒（朊病毒）；按性质不同，划分为温和病毒和烈性病毒。

当前病毒的分类采用目、科、亚科、属、种等构成的系统，主要以病毒粒子特性、基因组特性、蛋白质特性、基因组构造和复制、抗原性质和生物学特性等作为依据进行分类。"目"为最高级分类阶元，在没有适当目的情况下，"科"可以是最高一级分类阶元。病毒"种"是指构成一个复制谱系，占据一个特定小生境，具有多个共同分类特征的病毒群体，尚不能确定分类地位的新种可作为暂定种（Tentative species）列入适当的属或科中。国际病毒分类委员会（ICTV）在第十次报告（2017）中提出的分类系统包括 9 目，131 科，46 亚科，802 属和 4 853 种。

导致 IHN 烈性传染病的病原是传染性造血器官坏死病毒，该病毒属于单分子负链 RNA 病毒目（*Mononegavirales*），弹状病毒科（*Rhabdoviridae*），是一类具有广泛宿主的单股负链 RNA 病毒，被认为是水产养殖鱼类中最严重的病毒病原体之一。弹状病毒科最具代表性的病毒是狂犬病病毒（Rabies virus，RV）和水疱性口炎病毒（Vesicular Stomatitis Virus，VSV）。IHNV 的超微形态、基因组结构及蛋白质组成与哺乳动物的弹状病毒基本相同。此外，其基因组中还存在一个独特的、编码非结构蛋白（Non-Virion protein，NV）的基因。据此，在 ICTV

第 7 次报告中，正式把 IHNV 列为弹状病毒科的一个新属——粒外弹状病毒属（*Novirhabdovirus*）。该属的其他鱼类弹状病毒还包括病毒性出血败血症病毒（Viral hemorrhagic septicemia virus），牙鲆弹状病毒（Hirame rhabdovirus），乌鳢弹状病毒（Snake head rhabdovirus），IHNV 的分类见图 4-1。

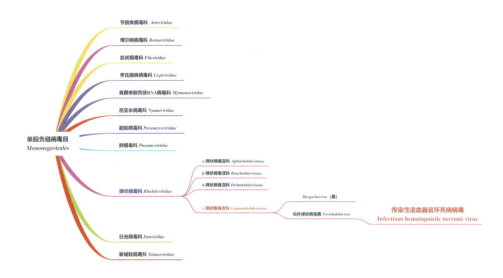

图4-1　IHNV分类

第二节　传染性造血器官坏死病病毒的形态结构

病毒体特别小，小到只能用纳米（nm）作为测量其大小的单位。绝大多数的病毒，只能用放大倍数达到数千至数万倍的电子显微镜才能观察到。超微结构下病毒的形态多种多样，有球状、棒状、砖形、冠状、丝状和链状等。电子显微镜观察发现 IHNV 颗粒呈现子弹状或棒状（图 4-2），病毒颗粒长宽为 120 ~ 300 nm 至 60 ~ 100 nm，具有囊膜，脂蛋白包膜厚度约 15 nm，表面有纤细的刺突。

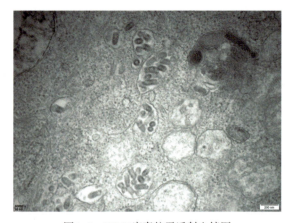

图4-2　IHNV病毒粒子透射电镜图

第三节　传染性造血器官坏死病病毒的生物学特性

IHNV 不耐热，60℃加热 1 min 可失去活力。不耐酸，在 pH 为 3 时处理 30 min 感染率小于 0.01%。对乙醚（1 h 以下即可灭活）、氯仿、甘油、游离碘敏感，在 50% 甘油中保存 1 ~ 2 周即失去活力。外界环境对 IHNV 的生命力和感染力影响较大，IHNV 在阳光下照射 40 min 可被灭活，在淡水中能存活 15 周以上，干燥条件下可存活 6 周。

IHNV 的细胞培养可采用胖头鱥细胞系（FHM）、虹鳟性腺细胞（RTG-2）、大鳞大马哈鱼性腺细胞（CHSE-214）、鲤上皮瘤细胞（EPC）等，其中 FHM 和 EPC 较为敏感，最佳培养温度为 15℃。IHNV 病毒蛋白与病毒核糖核酸（RNA）比为 21 : 1，与同科的水疱性口炎病毒（92 : 1）和狂犬病病毒（72 : 1）相比，具有较低的蛋白 /RNA 比。如此低的蛋白 /RNA 比并不常见，反映了鱼和哺乳动物细胞膜结构的差异。

第四节　传染性造血器官坏死病病毒基因组特征

基因组（genomes）就是指一个细胞遗传物质的总量。病毒基因组（viral genome）即指一个病毒粒子所带遗传物质的总量，可以由 DNA 组成，也可以由 RNA 组成。每种病毒颗粒中只含有一种核酸，或为 DNA 或为 RNA，两者一般不共同存在于同一病毒颗粒中。IHNV 的基因组全部由 RNA 组成。

组成病毒基因组的 DNA 和 RNA 可以是单链的，也可以是双链的，可以是闭环分子，也可以是线性分子。一般说来，大多数 DNA 病毒的基因组为双链 DNA 分子，大多数 RNA 病毒的基因组是单链 RNA 分子。IHNV 的基因组为线性单股负义的 RNA（−ssRNA）分子。

与细菌或真核细胞相比，病毒的基因组很小。而且不同的病毒之间其基因组差异亦甚大。IHNV 基因组大小在 11 kb 左右，其 3′ 端包含 60nt 的前导序列，5′ 端包含 101nt 尾随序列，基因组的基因顺序依次是 3′-leader-N-P-M-G-NV-L-trailer-5′（图 4−3）。IHNV 基因组两端核苷酸序列反向互补，被认为是转录和复制的起始信号。除了反转录病毒以外，一切病毒基因组都是单倍体，每个基因在病毒颗粒中只出现一次。反转录病毒基因组有两个拷贝。多数 RNA 病毒的基因组是由连续的核糖核酸链组成，但也有些病毒的基因组 RNA 由不连续的几条核酸链组成，呈节段性。IHNV 基因组属于不分节段的 RNA 链。目前还没有发现有节段性的 DNA 分子构成的病毒基因组。

病毒基因组的大部分是用来编码蛋白质的，只有非常小的一部分不被翻译，IHNV 基因组编码 5 个蛋白，从 3′ 端开始，依次包括：核蛋白（Nucleoprotein，N）、磷蛋白（Phosphoprotein，P）、基质蛋白（Matrix protein，M）、糖蛋白（Glycoprotein，G）、NV 蛋白（Non-Virion protein，NV）和 RNA 聚合酶蛋白（RNA polymerase，L）。

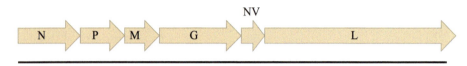

IHNV（11 131 bp）

图4-3　IHNV基因组结构

IHNV 基因之间的连接不同于其他弹状病毒。通常，VSV 和 RV 的基因连接处包含序列 UC（U）7NNUUGU。相反，鱼类弹状病毒共有的基因间区域是 UC（U）7RCCGUG，其中 R 是 T 或 C。因此，在 mRNA 合成过程中，聚合酶在 VSV 和 RV 的 AACA 序列处开始转录，在 IHNV 的 T / CGGCAC 序列处对其进行转录。

第五节　传染性造血器官坏死病病毒基因分型

同一种病毒的不同分离株（变异株）之间核苷酸序列及抗原性的差异往往造成了各分离株间血清学反应性、致病性和毒力等的差异。因此，研究病毒分型对流行病学调查，病毒毒力强弱研究和临床治疗等有着十分重要的意义。传统病毒分型多采用血清学分型方法，但该方法存在敏感性低、特异性差等缺点。而且 IHNV 有且只有一种血清型，不能有效区分 IHNV 的不同变异株。因此，当病毒保持蛋白质水平主要特征不变时，可以根据不同分离株间核苷酸水平的变异，对病毒进行基因分型。

现在病毒分型多采用的是基因分型法。利用分子生物学方法对病毒进行基因分型，可以区分单个核苷酸的差异，因此准确率高，可以区分病毒的不同变异株。IHNV 的 g 基因相对于其他 5 个基因表现出相对较高的遗传多样性，目前根据 G 蛋白的"Mid-G"可将世界范围内的 IHNV 分为 5 种基因型：U 型、M 型、L 型、E 型和 JRt 型（图 4-4），其中 U 型、M 型和 L 型为早期发现的三个主要的基因型，分别表示上（upper）、中（middle）和下（lower），与北美洲、太平洋西北地区的地理区域相关。E 型属于欧洲分离株，与来自美国的 M 基因型属于同一来源。JRt型属于亚洲分离株，存在两个不同的亚型（Nagano 和 Shizuoka），与来自美国的U 基因型属于同一来源。相较于其他几种基因型，U 基因型的进化速度较慢，这种差异的原因目前尚不清楚。然而，U 基因型在 IHNV 中最具代表性，因其在鲑鱼中具有最高适应性。最近的系统发育分析还揭示了 L 基因型存在两个不同的亚型（LI 和 LII），与 U 基因型相似，LI 也显示出较慢的进化速率，而 LII 显示出较快的进化速率，这些进化速率的差异可能与栖息地有关。研究表明，IHNV 基因型主要与地理位置相关，与宿主没有明显的相关性。

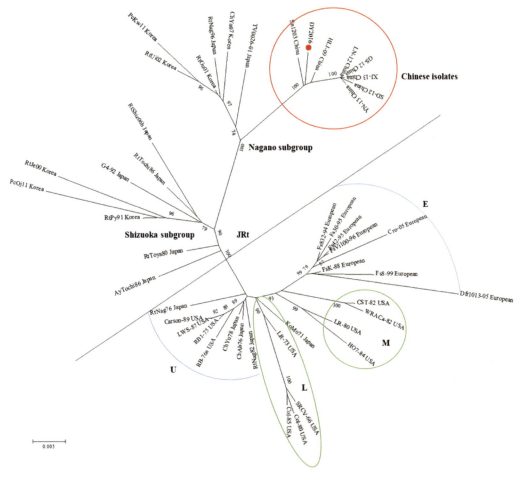

图4-4　IHNV基因分型

　　北美洲的 U（上）基因型分离株能够感染红鲑、奇努克鲑和硬头鳟（虹鳟与硬头鳟为同种鱼的不同生态型）。U 型分离株感染红鲑后累计死亡率可达60% ~ 100%。然而，U 型 IHNV 对大西洋鲑的毒力强于其对红鲑的毒力。奇努克鲑对 U 型 IHNV 表现出一定的抗性。在日本，U 型 IHNV 可以导致多种鲑鱼物种死亡，并随之衍生出一种新的基因型，即影响日本虹鳟的 JRt 型。俄罗斯主要流行 U 型 IHNV，尽管主要感染野生 / 饲养的红鲑，但也发现其在虹鳟苗中流行。M（中）基因型主要在美国和西欧国家的虹鳟中流行，对红鲑也显示出一定毒力，但死亡率仅在 4% 以下。虹鳟对 M 型分离株比 U 型分离株更敏感，感染后死亡率为25% ~ 85%，而感染 U 型分离株的死亡率为 5% ~ 41%。L（下）基因型主要感染奇努克鲑，也能感染硬头鳟。

　　病毒的结构特别简单，绝大多数病毒的主要结构就是蛋白质外壳（衣壳，Capsid）包裹着核酸构成的基因组（Nucleic acid genome），部分病毒在蛋白质外壳外还有一层由蛋白质和脂质分子组成的包膜（Envelope）。病毒的结构蛋白由病毒的基因组编码，是组成病毒体的蛋白成分，如病毒体的衣壳蛋白、基质蛋白和包膜蛋白。非结构蛋白也由病毒的基因组编码，但不参与病毒体的构成，可存在于病毒体内，如病毒的酶，也可存在于感染细胞中。IHNV 具有二十面体立体对称的核衣壳结构，结构蛋白包括核蛋白、基质蛋白、糖蛋白、磷蛋白和 RNA 聚合酶蛋白；非结构蛋白有 NV 蛋白。病毒结构蛋白通常有以下几种功能：①保护病毒核酸，避免环境中的核酸酶和其他理化因素对病毒核酸的破坏；②参与病毒的感染过程，衣壳蛋白和包膜上的蛋白突起能吸附至易感细胞受体，引起感染；③具有抗原性，病毒基因编码的衣壳蛋白和包膜蛋白具有良好的抗原性，能刺激机体产生免疫反应。

第六节　传染性造血器官坏死病病毒主要蛋白和功能

一、核蛋白

　　核蛋白（Nucleoprotein，N）是弹状病毒科中较为保守的蛋白，是 IHNV 病毒体和 IHNV 感染细胞中含量最丰富的病毒蛋白。该蛋白含有 413 个氨基酸，大小为 40.5 ~ 44 kDa（图 4-5）。一个 IHNV 病毒粒子含有 560 ~ 774 个 N 蛋白。IHNV 的 N 蛋白含多个潜在的磷酸化位点，在病毒体中以磷酸化蛋白的形式存在。

N 蛋白能够和病毒基因组 RNA 紧密结合，形成抗核糖核酸酶的核糖核蛋白（Ribonucleoprotein，RNP）复合体 N-RNA 结构，对病毒 RNA 具有保护作用。除此之外，RNP 还构成了转录和复制的模板，并使核衣壳处于转录所需的螺旋对称结构。N 蛋白还在病毒转录和复制之间起关键的调节作用。RNA 主要与 N 蛋白的第 288 ～ 292 位氨基酸（SPYSS）结合，该基序（motif）在水疱性病毒属、狂犬病病毒属和短暂热病毒属中均是保守的。通过对 VSV 和 RV 的 RNA- 核蛋白复合物进行结构比较，发现二者之间氨基酸序列缺乏明显同源性，但并不影响二者折叠和与 RNA 结合、装配保守性的共同性。

近期的研究还显示，VSV 的 N 蛋白（VSV-N）能够与宿主泛素 E3 连接酶 TRIM41 相互作用，TRIM41 的过表达可以限制 VSV 的感染。在 VHSV 中，N 蛋白的中间部位也可以和 RNA 结合，但该结构域与已知的 RNA 结合蛋白序列无明显同源性。

IHNV N 蛋白的氨基和羧基末端具有高度亲水性，蛋白质中间的 1/3 处具有疏水区域。目前已公布了许多 IHNV 分离株 n 基因的完整核苷酸序列，可以用来追踪疾病暴发中病毒的来源。

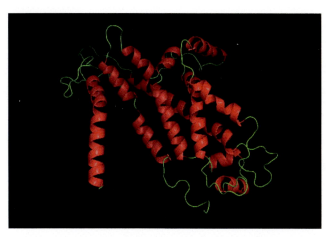

红色部分表示α螺旋；绿色部分表示无规则卷曲

图4-5 核蛋白三级结构模式

二、磷蛋白

磷蛋白（Phosphoprotein，P）是和聚合酶相关的磷酸化蛋白，又称为 M1 蛋白，参与病毒在宿主细胞中的复制和转录，具有多功能非催化活性。IHNV 的 P

蛋白是一种极碱性的蛋白质，含有 230 个氨基酸，分子量为 22.5 ~ 27 kDa，等电点（pI）约为 8.4（图 4-6）。一个 IHNV 病毒粒子含有 391 ~ 514 个 P 蛋白。IHNV 的 P 蛋白与同属病毒的相似性较低，与牙鲆弹状病毒（Hirame rhabdovirus virus，HIRRV）和 VHSV 的 P 蛋白相比，相似性分别为 63% 和 38%。

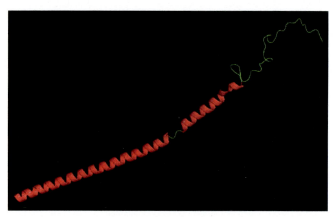

红色部分表示α螺旋；绿色部分表示无规则卷曲

图4-6　磷蛋白三级结构模式

P 蛋白可以和 N 蛋白、L 蛋白相互作用来调控病毒的生命周期。P 蛋白通过多聚化和 L 蛋白结合组成具有完整活性的 RNA 聚合酶复合体，转录 N-RNA 模板，并防止 L 蛋白的水解。此外，L 蛋白和 N-RNA 的结合也是通过 P 蛋白来介导的，由此启动病毒的复制和转录。P 蛋白和 N 蛋白的作用能够阻止非特异性的 RNA 和 N 蛋白结合，保证 N 蛋白与特异 RNA 结合发生衣壳化。P 蛋白的 C 末端具有一个高度保守的结构域。在 VSV 中，该保守结构域是介导 P 蛋白和 N-RNA 复合体紧密结合的功能性区域。

部分弹状病毒的 P 蛋白内含有多个磷酸化位点，包括酪氨酸磷酸化位点，丝氨酸和苏氨酸磷酸化位点。IHNV 的 P 蛋白推导的氨基酸序列包含 45 个潜在的磷酸化位点 SXXD/E，主要位于该蛋白的前半部分。VSV 的 P 蛋白通过其结构域 Ⅰ 和 Ⅱ 内的丝氨酸和苏氨酸残基磷酸化来调控基因组的转录和复制活性。 RV 和 VSV 的磷蛋白 pI 分别为 4.36 和 4.84，呈酸性，与 VSV、RV 类似，鲤春病毒血症病毒（Spring viremia of carp virus，SVCV）的 P 蛋白也呈酸性，但 IHNV 和 VHSV 的 P 蛋白则呈碱性，目前尚不清楚这种差异与其功能之间的关系。

RV 病毒的 P 蛋白能够降低哺乳动物 IFNβ 的诱导表达，主要是通过阻断

IRF3 的磷酸化而实现。此外，其 P 蛋白还通过阻断 STAT1 的核输入来抑制 IFN 下游信号传导。在鱼类中，此类机制尚未报道，但 IHNV 的 P 蛋白（以及 NV 蛋白）是 ISG15 的作用目标，这可能是细胞的防御对策。

此外，IHNV 的 p 基因还可能存在第二个重叠的开放阅读框（Open Reading Frame，ORF），该 ORF 位于 n 基因多聚腺苷酸序列末端的 121 号位置，长度为 146 个核苷酸，编码一个含有 42 个氨基酸的蛋白质。该蛋白质分子量约为 4.8 kDa，富含精氨酸，pI 为 10.1 ~ 12.8，是一种高度碱性的蛋白质。该蛋白质的大小与已报道的 VSV 和 RV 中的 C 蛋白相似，C 蛋白含有 55 个氨基酸，富含精氨酸。VSV 的 C 蛋白也由 p 基因中第二个重叠 ORF 转录的 mRNA 编码。这些蛋白质仅发现于受感染的细胞中，其功能目前未知。

三、基质蛋白

基质蛋白（Matrix Protein，M）又称为 M2 蛋白，是弹状病毒基因组中最小的结构蛋白，约占病毒总蛋白的 11%。因富含丝氨酸和苏氨酸，鱼类弹状病毒的 M 蛋白呈磷酸化，且高度碱性。IHNV 的 M 蛋白含有 195 个氨基酸，分子量为 17.5 ~ 21.8 kDa，pI 为 10.08（图 4-7）。一个 IHNV 病毒粒子含有 874 ~ 1 044 个 M 蛋白。

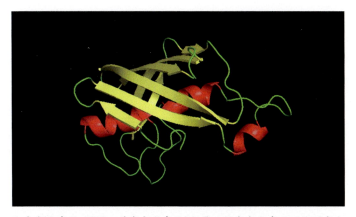

红色部分表示α螺旋；黄色部分表示β折叠；绿色部分表示无规则卷曲

图4-7　基质蛋白三级结构模式

M 蛋白位于病毒囊膜的内表面，具有多种重要的功能作用。M 蛋白主要功能是连接病毒的囊膜和核衣壳，通过与病毒的核衣壳及插入宿主细胞膜内的 G 蛋白胞浆结构域相互作用启动病毒粒子的装配和出芽。在 VSV 中，M 蛋白的前 51 个氨基酸可以与宿主细胞膜相互作用，进行病毒装配。该区域在 IHNV、HIRRV 和 VHSV 的基质蛋白中十分保守。IHNV 的 M 蛋白在氨基酸序列上与 VSV、RV 或 SVCV 没有明显的同源性。与同属的 HIRRV 和 VHSV 相比，仅在三个局部同源区域分别具有 74% 和 37% 的氨基酸一致性。

弹状病毒 M 蛋白的 N 末端具有一段高度保守且富含脯氨酸的基序，称为 PPXY，其中 P 为脯氨酸，Y 为酪氨酸，X 为任意氨基酸。PPXY 基序可以和特异的细胞蛋白 WW 结构域相互作用。研究发现，VSV 的 PPXY 基序发生突变将降低病毒粒子的出芽率，推测 PPXY 基序与弹状病毒的出芽紧密相关。此外，RV 的 M 蛋白能调节病毒的转录和复制，这可能是非节段负义链 RNA 病毒的一种普遍机制。SVCV 和 VSV 的 M 蛋白能完全阻断拼接 mRNA、snRNA 和 snRNP 的核转运，并降低其他物质的核转运速率。IHNV 的 M 蛋白是宿主细胞转录的强大抑制剂，可介导病毒诱导的细胞毒性和病毒复制。研究显示 VSHV-M 基因的突变大大减弱了 VSHV 干扰宿主细胞转录机制的能力和免疫抑制活性。IHNV 的 M 蛋白还能诱导细胞程序性死亡，但诱导凋亡的细胞途径尚不清楚。野生型 VSV 的 M 蛋白主要通过激活 caspase 9 诱导凋亡。

四、糖蛋白

糖蛋白（Glycoprotein，G）是一种与病毒包膜相关的糖蛋白，在病毒体的表面形成穗状突起。弹状病毒的 G 蛋白通常含有 2 ～ 6 个 N- 糖基化位点，它参与病毒与细胞受体识别和结合等过程，并与病毒的毒力直接相关。IHNV 的 G 蛋白含有 508 个氨基酸，分子量为 67 ～ 70 kDa，一个 IHNV 病毒粒子含有 198 ～ 290 个 G 蛋白（图 4-8）。RV 单个病毒粒子含有 1 723 个 G 蛋白，在恒温动物中通常难以产生针对 IHNV 的高滴度中和抗体，因而，病毒体表面上 G 蛋白的数量偏低可能是导致 IHNV 免疫原性差或抗血清中和活性差的原因之一。

IHNV 糖蛋白具有负链 RNA 病毒膜相关糖蛋白的许多特征。G 蛋白的 N 末端有一段含 20 个氨基酸的疏水结构域，即信号肽，在内质网中被切除后成为成熟的糖蛋白。G 蛋白的 C 末端附近也有一个疏水结构域，该结构域是蛋白质的跨膜结构域。成熟的 G 蛋白被转运到宿主细胞膜上，在结构上可以划分为胞外结构域、跨膜结构域和胞浆结构域 3 部分。其中，胞浆结构域是一段较短的亲水性序列，推测可以与病毒粒子内的 M 蛋白或是 N 蛋白相互作用，使 G 蛋白集中于细胞膜上的出芽位点，有效地促进病毒出芽。胞浆结构域的缺失会大大降低病毒的出芽率。IHNV 的 g 基因被 VHSV 或 SVCV 的 g 基因替换后，仍然能在体外培养的细胞内复制。表明异源 G 蛋白同样可以插入到 IHNV 囊膜内，不需要胞浆结构域序列的特异性。

红色部分表示α螺旋；黄色部分表示β折叠；绿色部分表示无规则卷曲
图4-8　糖蛋白三级结构模式

此外，不同属的弹状病毒 G 蛋白在结构特征上同样具有显著的保守性。例如，G 蛋白的半胱氨酸残基对维持蛋白结构和功能具有重要作用。弹状病毒 G 蛋白通常含有 12 ~ 16 个半胱氨酸残基，在同属病毒 G 蛋白内其位置高度保守，不同属内也有部分保守。因此，根据 G 蛋白中半胱氨酸残基的位置可以把弹状病毒分为类 RV 病毒、类 VSV 病毒和类 VHSV 病毒等。G 蛋白还含有丰富的抗原决定簇，能诱导特异性中和抗体的产生并刺激细胞免疫反应，是 IHNV 的主要抗原。因此，g 基因通常被选作为 IHNV 的抗原基因来构建 DNA 疫苗。IHNV 的 G 蛋白在不同地理分离株之间是保守的，并且只有一种主要的血清型。抗 G 蛋白血清可中和 IHNV 的感染性，用纯化的 G 蛋白免疫接种可预防 IHNV 的致死性感染。G 蛋白还与 IHNV 的致病性直接相关。一些 IHNV 弱毒株的形成可能与 G 蛋白的 78 位、218 位氨基酸或 276 位、419 位氨基酸的突变相关。最近的研究还显示，G 蛋白 438 位 N- 糖基化位点被单个丙氨酸取代后，形成的 IHNV 突变体对虹鳟幼鱼的致死率降低，30 d 内的累计死亡率低于 50%。该突变体还较早产生了特定的抗 IHNV IgM 抗体，表明 G 蛋白天冬酰胺 438 位的糖基化可能对病毒免疫逃逸很重要。

五、NV 蛋白

nv（Non-Virion，*nv*）基因是粒外弹状病毒属所特有的基因，位于 *g* 和 *l* 基因之间，于 1985 年首次鉴定。*nv* 基因长度为 371 核苷酸，编码含有 111 个氨基酸的蛋白质，蛋白分子量约为 12 kDa（图 4-9）。由于在 HIRRV 和 VHSV 的 *g* 基因和 *l* 基因的交界处也发现了 *nv* 基因，促使科学家为这类弹状病毒提出了新的分类学分类。IHNV 的 NV 蛋白带电荷氨基酸含量很高（38%），pI 约为 7。

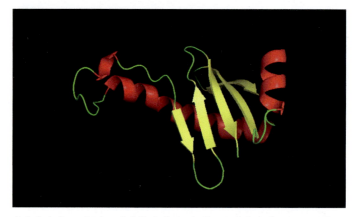

红色部分表示α螺旋；黄色部分表示β折叠；绿色部分表示无规则卷曲

图4-9 非结构NV蛋白三级结构模式

nv 基因高度保守，不同 IHNV 分离株的 NV 蛋白在氨基酸水平上的同源性超过 97%。不同 IHNV 分离株 *nv* 基因之间的差异可用核糖核酸酶保护试验（Ribonuclease Protection Assay，RPA）进行区分。IHNV 与 VHSV NV 蛋白的氨基酸同一性 / 相似性为 23.3%/47.6%，与 HIRRV NV 蛋白的氨基酸同一性 / 相似性为 16.5%/40.4%。

NV 蛋白为非结构蛋白，不存在于成熟病毒粒子中，可以通过特异的抗血清在受感染细胞中检测到，说明它仅存在于感染细胞中。在感染细胞中，NV 蛋白的含量往往较低，但对于有效的病毒复制和致病性至关重要。缺失 *nv* 基因的 IHNV，体外培养增长变慢，病毒诱导的细胞病变速度降低，表明 NV 蛋白能明显促进 IHNV 的生长。

研究表明，NV 蛋白还与病毒的免疫逃逸策略相关。例如，为保证病毒可以高效复制，NV 蛋白能够被转移到宿主细胞核内，抑制宿主干扰素的产生和 NF-κB 的活性。NV 蛋白还可以抑制宿主细胞因病毒感染而触发的早期凋亡程序，从而延长病毒的复制时间。NV 蛋白在粒外弹状病毒属病毒之间相似性较低，但 VHSV-Δnv 减毒株的毒力可以通过重新引入 IHNV 的 nv 基因来挽救，反之亦然，这表明感染期间 NV 蛋白的功能是保守的。NV 蛋白对致病性也至关重要，nv 基因突变的病毒仅造成 55% ~ 60% 的死亡率，而野生型病毒导致 90 % 的死亡率。

六、RNA 聚合酶

RNA 聚合酶（RNA polymerase，L）是 IHNV 编码的最大的结构蛋白，但含量最低，含有 1 986 个氨基酸，150 ~ 225.2 kDa，分子量是五种结构蛋白中最高的（图 4-10）。l 基因占据整个病毒基因组长度的 60%。L 蛋白是病毒 RNA 依赖的 RNA 聚合酶，但需要和 P 蛋白结合才能发挥其生物学活性，主要的功能是指导病毒基因组 RNA 的复制和信使 RNA 的转录。这种 RNA 聚合酶具有多种酶活性，包括甲基化转移酶活性、核苷酸聚合活性、鸟苷酸转移酶活性以及多聚腺苷酸聚合酶活性等。一个 IHN 病毒粒子含有 23 ~ 40 个 L 蛋白。

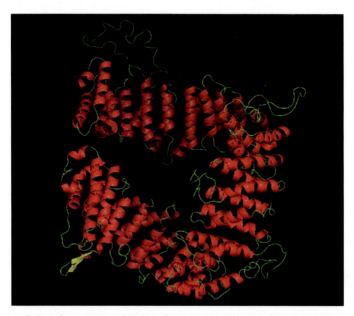

红色部分表示α螺旋；黄色部分表示β折叠；绿色部分表示无规则卷曲

图4-10　RNA聚合酶蛋白三级结构模式

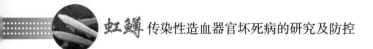

在非节段的单链负链 RNA 病毒中，L 蛋白通常具有 5 个高度保守的催化基序（motif），分别称为 A、B、C、D、E。IHNV 的 L 蛋白中也具有这 5 个基序。但是，存在于 VSV 和 RV 的 L 蛋白基序 D 中的一个保守甘氨酸残基，在 IHNV 中则被脯氨酸残基所替换。其他负义链 RNA 病毒 L 蛋白的相同位置也出现这种变化，如沙粒病毒科（Arenaviridae）和布尼亚病毒科（Bunyaviridae），但其功能意义还不清楚。

对不同种属弹状病毒的聚合酶基因进行系统发育分析发现，粒外弹状病毒属与细胞核弹状病毒属（Nucleorhabdovirus）和细胞质弹状病毒属（Cytorhabdovirus）的聚集更为紧密，后两者均为植物弹状病毒。而陆生动物弹状病毒之间的关系更为密切。

第五章 传染性造血器官坏死病临床症状及病理变化

临床症状常指医学中患了某种疾病后机体发生的一系列异常变化。病理变化是指疾病发生的原因、发病原理和疾病过程中发生的细胞、组织和器官的结构、功能和代谢方面的改变及其规律。临床症状和病理变化常常用作对疾病诊断的重要依据。单一疾病可能有多种临床症状和病理变化，而又有许多疾病都有着同样的临床症状和病理变化。由此也可看出临床症状和病理变化在疾病诊断上的复杂性。因此，掌握和鉴别不同疾病的临床症状和病理变化对疾病的一线诊断具有重要意义。

第一节 临床症状及大体变化

IHN 患病鱼（图 5-1）的临床症状多表现为浮头、张嘴呼吸、游动缓慢等，部分鱼采食减少甚至停止进食。不同个体在感染后出现临床症状的时间不同。部分鱼在病程中后期会有严重的神经症状，鱼体不能维持平衡，时而呈现出仰泳的姿态，受到外界刺激时反应剧烈。随着感染加剧，患病鱼会保持腹部向上的姿势漂浮于水面，鳃盖张合减弱，对外界刺激无应答反应，最后鳃盖停止张合，鱼体死亡。

图5-1 IHNV感染虹鳟游动异常

IHN 的典型病变是患病鱼皮肤变黑（图5-2），腹部膨大（图5-3），眼球向外突出和出血（图5-4），鳍条基部及肛门周围充血（图5-5），肛门处常拖有一条不透明的假管型黏液便。IHNV 还会导致持续感染即无症状携带状态。由于大多数实验室研究使用的病毒剂量足以提供可重复的高死亡率，因此对这些疾病的亚临床表现研究相对较少。

上图为正常虹鳟；下图为感染虹鳟。

图5-2　虹鳟皮肤变黑，眼球突出

上图为正常虹鳟；下图为感染虹鳟。

图5-3　虹鳟腹部膨大

图5-4　眼球突出，出血

图5-5　感染虹鳟出现水样黄色粪便，鳍条充血

剖检还可以观察到腹腔存有血样液体，消化道中缺少食物，胃内充满乳白色液体（图5-6），腹腔脂肪出血（图5-7），肌肉出血（图5-8），肠道中通常含有水样粪便和黄色液体，并伴随着肠系膜的出血（图5-9），肝脏由于贫血而发白等（图5-10至图5-12）。

图5-6　胃内充满乳白色液体

图5-7　脂肪出血

图5-8　肌肉出血

图5-9　肠系膜出血

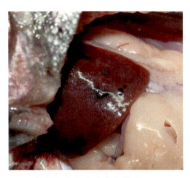

图5-10　肝脏点状出血

图5-11　脾脏肿大发黑

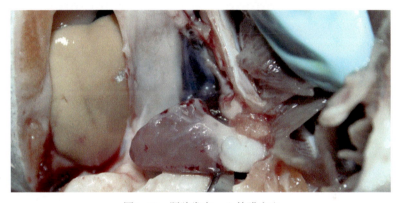

图5-12　肝脏发白，心外膜出血

　　IHNV感染还会导致鱼类患有正常细胞再生障碍性贫血，受感染的鱼类血液中白细胞减少，白细胞和血小板变性，血细胞比容和渗透压降低。红细胞数量（RBC）和血红蛋白含量（HGB）降低（图5-13），血液颜色变淡（图5-14），黏稠度降低。血液生化特性略有改变（表5-1）。

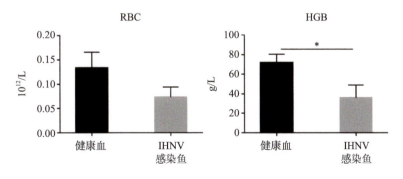

图5-13　IHNV感染后血液中红细胞（RBC）和血红蛋白含量（HGB）变化

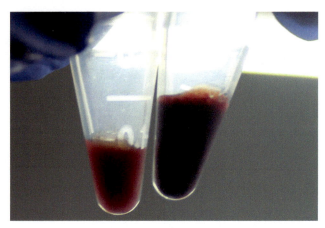

图5-14　IHNV感染后血液颜色变淡（右为正常血液）

表 5-1　IHNV 感染虹鳟血清生化指标

检测指标	英文缩写	单位	健康幼鱼	感染幼鱼
总蛋白	TP	g/L	34.64±0.90	25.26±1.15**
白蛋白	ALB	g/L	14.12±0.68	9.76±0.65**
球蛋白	GLO	g/L	20.52±0.55	15.50±0.72**
肌酐	CREA	μmol/L	9.20±1.30	17.20±2.28**
尿素	Urea	mmol/L	1.90±0.32	3.00±0.26**
总胆汁酸	TBA	μmol/L	4.16±1.35	15.16±3.40**
谷草转氨酶	AST	U/L	487.00±70.86	1013.00±61.64**
谷丙转氨酶	ALT	U/L	23.80±7.09	52.20±9.15**
碱性磷酸酶	ALP	U/L	99.60±13.45	150.80±9.60**
葡萄糖	GLU	mmol/L	0.80±0.16	2.18±0.69**
钾	K^+	mmol/L	1.54±0.40	5.08±1.57**
钠	Na^+	mmol/L	148.80±3.11	140.40±3.36**
氯	Cl^-	mmol/L	118.80±3.77	118.20±5.26
钙	Ga^{2+}	mmol/L	2.31±0.13	2.26±0.17
磷	P	mmol/L	5.38±0.29	3.92±0.87*

注：数据结果为平均值±SD。符号**代表差异极显着（$p<0.01$）；符号*代表差异显着（$p<0.05$）。

第二节　组织病理学变化

　　病毒通常遵循"攻击与逃逸"和"攻击与留守"两种策略中的一种来确保自身的生存与传播。作为导致高死亡率的急性细胞溶解性病毒，IHNV通常被认为是"肇事逃逸"病毒。相关组织病理变化通常表现为急性出血性败血症，并影响多个器官。

　　组织病理学观察显示，IHNV感染后，宿主的造血组织将出现严重的变性坏死，并伴有明显的核固缩、核分裂与核溶解。虹鳟幼鱼正常肾脏组织如图5-15所示，肾小管和肾小球组织结构完整，肾小球充盈，填满整个肾小囊腔，肾间质细胞排列紧密。

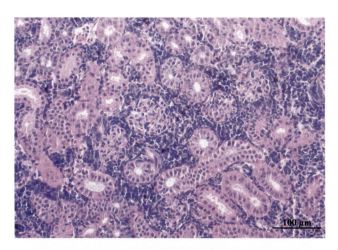

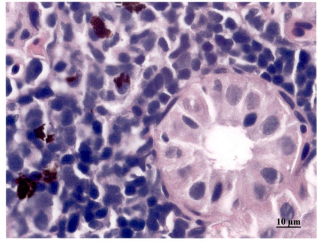

图5-15　虹鳟幼鱼正常肾组织

IHNV 感染早期，肾小球充血，部分肾小管上皮细胞出现空泡变性，肾间组织疏松水肿（图 5-16）。

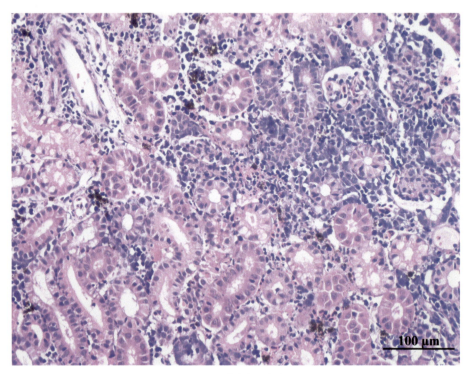

100 μm

图5-16　IHNV感染早期肾组织

随着疾病的发展，整个肾脏的退行性病变更加明显。感染后期，间质细胞排列无序，肾间组织间隙增宽，炎症细胞浸润，肾间质细胞几乎坏死溶解，肾小管出现空泡变性，肾小球变性萎缩，肾组织结构严重破坏。肾间质中巨噬细胞数量增加，有的巨噬细胞细胞质中出现空泡，核染色质边缘化。淋巴样细胞固缩坏死，细胞崩解，核碎裂，周围散布大量均质红染的纤维素样渗出物。肾脏组织大部分区域主要由坏死的细胞碎片组成（图 5-17）。

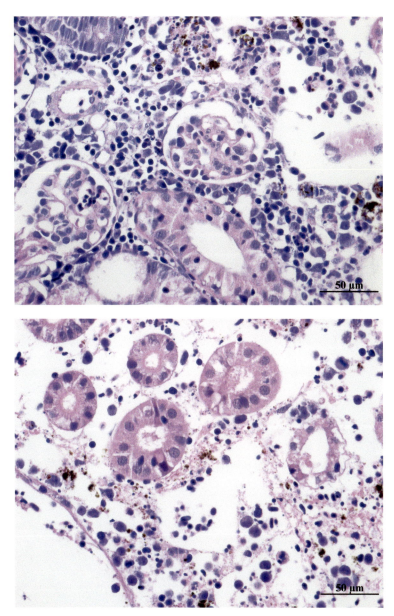

图5-17　IHNV感染后，肾间质细胞坏死，细胞崩解，核碎裂，炎症细胞浸润

　　头肾是继胸腺之后第二个发育的免疫器官。虹鳟幼鱼正常头肾组织如图 5-18 所示，实质部分主要由肾索和肾间质构成，头肾间质细胞即一些网状－内皮细胞，头肾血窦中含有适量的红细胞和淋巴细胞，还散在分布着黑色素巨噬细胞中心，细胞结构清晰可见。

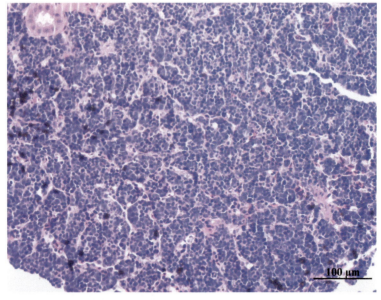

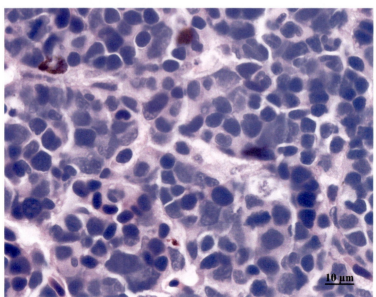

图5-18　虹鳟幼鱼正常头肾

　　IHNV感染后，最初的病变较轻，病灶区域着色较浅，由巨噬细胞和变性的淋巴样细胞组成。头肾肾索和肾血窦组织结构模糊，肾间质细胞出现均质红染的浆液渗出物，细胞坏死，可见核固缩，黑色素巨噬细胞中心细胞成分减少，结构松散（图5-19）。

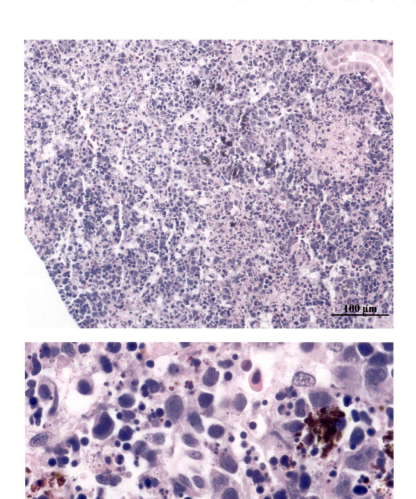

图5-19　IHNV感染后，头肾组织出现坏死性灶，细胞坏死，核碎裂

　　脾脏是鱼体重要的免疫器官，主要由红髓、白髓、椭球体、中央动脉、脾索和脾血窦等构成。虹鳟幼鱼正常脾组织红髓、白髓界限不太分明，红髓占据面积大，细胞结构清晰，排列紧密，脾索与脾索相互交错形成脾血窦，脾血窦内可见丰富的红细胞（图5-20）。

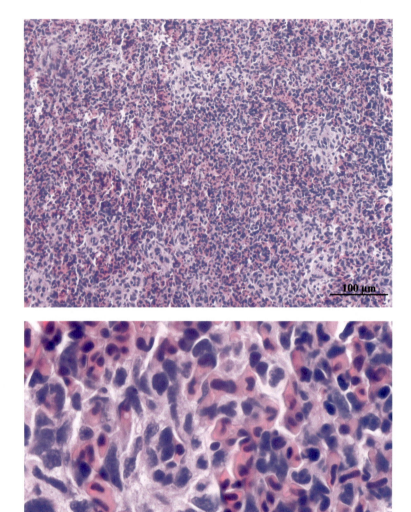

图5-20　虹鳟幼鱼正常脾脏

　　IHNV 感染后，可见脾脏组织结构不清晰，实质细胞变性坏死，胞核回缩碎裂。炎症细胞浸润，并伴有均质红染的浆液性渗出物（图 5-21）。

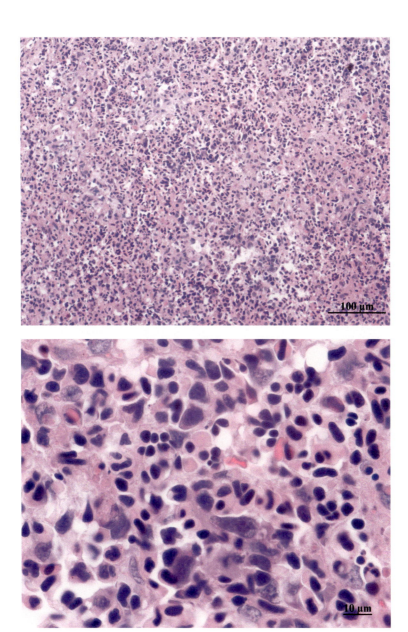

图5-21　IHNV感染早期脾脏

随着感染加剧，脾脏组织疏松水肿，脾实质细胞（淋巴细胞、网状细胞）因弥漫性坏死、崩解而减少。细胞核溶解或破碎，少数细胞肿胀，细胞核肿胀且染色较浅（图5-22）。

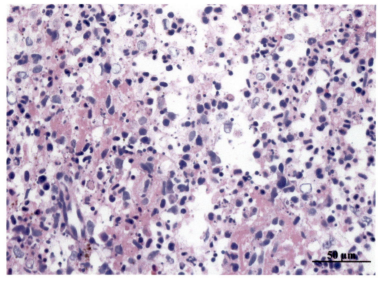

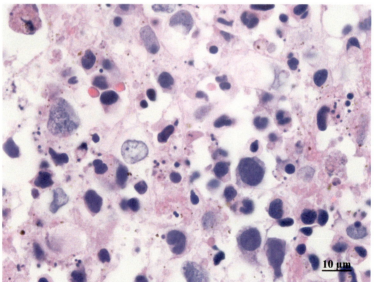

图5-22　IHNV感染后期，脾脏组织水肿，细胞成分减少，大量浆液渗出，
细胞崩解，核碎裂，炎症细胞浸润

　　肝脏是鱼机体重要的消化腺，主要由中央静脉、肝血窦、肝索以及肝细胞等构成。虹鳟幼鱼正常肝组织轮廓结构清晰，肝索排列整齐，血窦结构清晰，肝细胞形态为椭圆或卵圆型，细胞结构及排列清晰，连接紧密，细胞核形状规则（图5-23）。

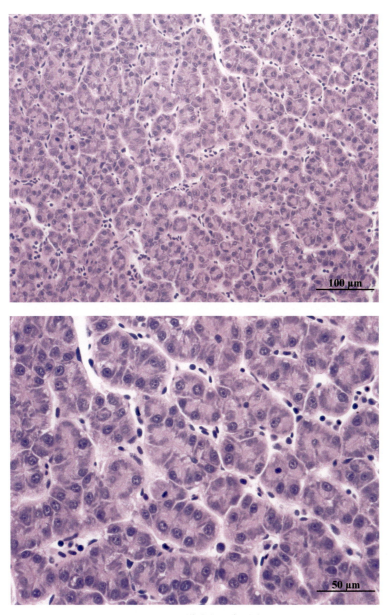

图5-23　虹鳟幼鱼正常肝脏

　　IHNV 感染后，部分鱼肝脏出现明显的点状出血，显微镜下可见肝脏局部区域出血，狄氏间隙因充血扩张，肝索结构紊乱，肝细胞变性萎缩（图 5-24）。

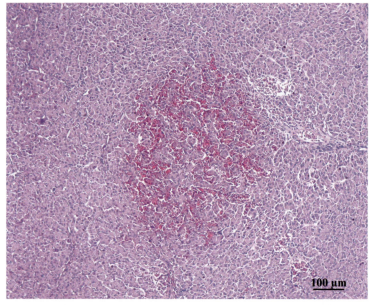

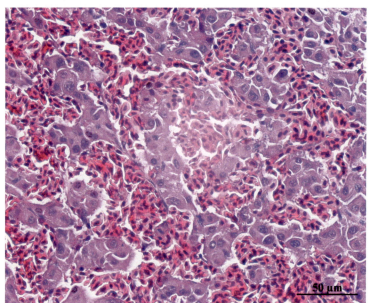

图5-24　IHNV感染后，肝血窦出血，狄氏间隙扩张

感染后期，肝脏边缘肝细胞疏松，狄氏间隙水肿增宽。肝细胞坏死溶解，肝组织内可见不同大小炎症灶，灶内炎性细胞浸润（图5-25）。有的肝细胞空泡化，空泡内出现类似凋亡小体的包含物（图5-26）。

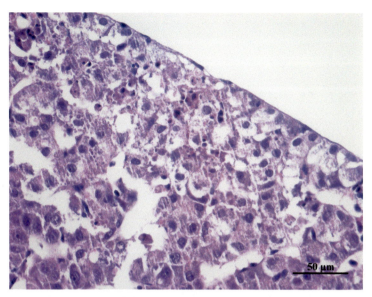

图5-25　IHNV感染后期，肝细胞坏死溶解，炎症细胞浸润

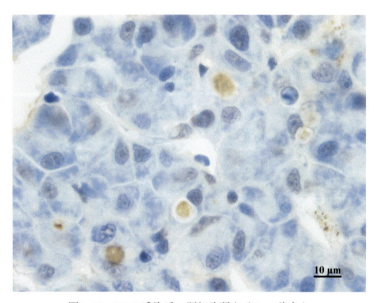

图5-26　IHNV感染后，肝细胞凋亡（Tunel染色）

　　虹鳟心室心肌细胞分为致密层和海绵层（图 5-27）。IHNV 感染后病变主要发生在心室心肌细胞。正常心肌细胞肌纤维排列紧密整齐。IHNV 感染，部分鱼心外膜水肿，海绵层心肌细胞疏松水肿。心室致密层坏死溶解，可见大量炎症细

胞浸润，海绵层水肿，肌纤维断裂（图 5-28）、溶解（图 5-29）。

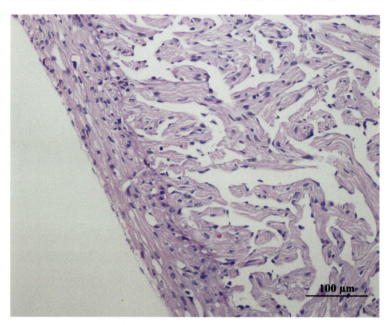

图5-27　虹鳟幼鱼正常心肌致密层和海绵层

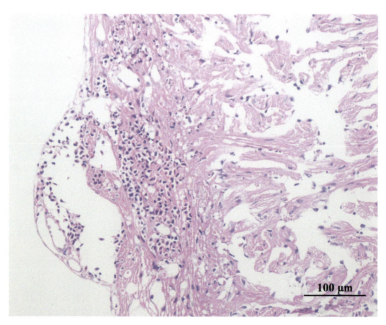

图5-28　IHNV感染后，心外膜水肿，心肌致密层出血，细胞坏死，
炎症细胞浸润，海绵层肌纤维水肿，断裂

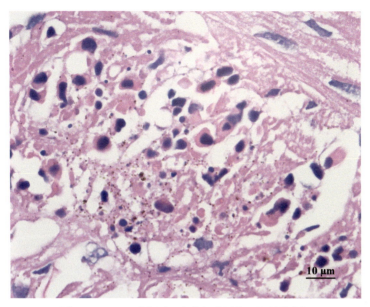

图5-29　IHNV感染后，炎症细胞浸润，肌纤维溶解

　　肠是鱼机体重要的消化器官，一旦发生病变，将影响到鱼的摄食及消化功能。IHNV 感染后，患病幼鱼会表现出明显的摄食减弱或停止摄食的症状。虹鳟的肠道由黏膜层、黏膜下层、肌层和浆膜层构成，各层排列紧密（图 5-30）。

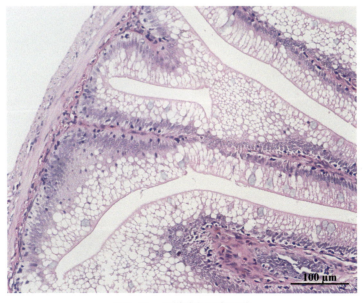

图5-30　虹鳟幼鱼正常肠道

IHNV 感染后，肠道最明显的病变是肠壁变薄，半透明，出现淡黄色的黏液便。组织病理学观察显示，IHNV 感染后会导致浆膜层、肌层和黏膜下层疏松水肿，组织离散（图 5-31）。肠黏膜上皮细胞脱落，黏膜下层疏松、炎性水肿，肌层水肿、肌纤维萎缩消失（图 5-32）。IHNV 感染还会导致消化道固有层、致密层和颗粒层中颗粒细胞的变性和坏死。肠黏膜细胞的脱落可能是导致拖便形成的原因之一。

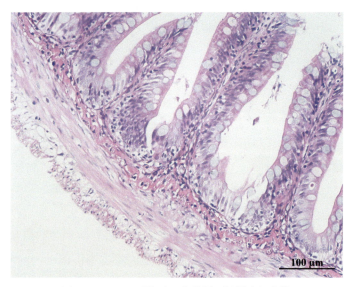

图5-31　IHNV感染后，浆膜层、肌层疏松水肿

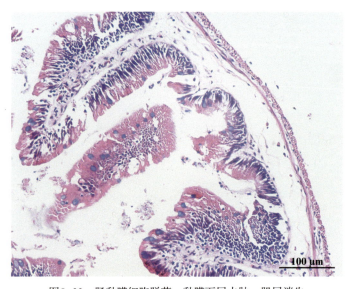

图5-32　肠黏膜细胞脱落，黏膜下层水肿，肌层消失

　　IHNV 感染后，脑组织观察到的病理损伤相对较轻，但患病幼鱼在死亡前都会表现出明显的神经症状。组织学观察显示正常的视顶盖脑膜紧贴脑实质，脑膜与脑实质之间有一些红细胞（图 5-33）。而健康端脑脑膜细胞排列有序，与脑实质紧密相连（图 5-34）。

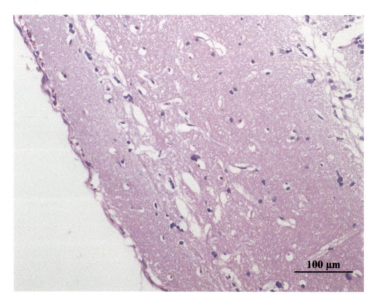

图5-33　虹鳟幼鱼正常中脑视顶盖

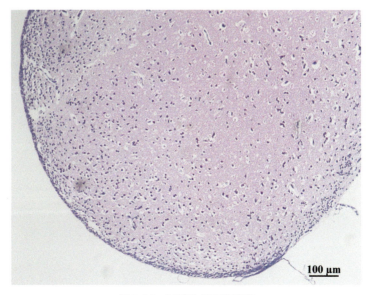

图5-34　虹鳟幼鱼正常端脑

IHNV感染后，视顶盖脑膜疏松水肿，并伴有出血（图5-35），部分幼鱼端脑脑膜疏松水肿，与脑实质的间隙增宽（图5-36）。随着感染加剧，脑膜与脑实质之间间隙进一步增宽，端脑脑实质明显充血（图5-37）。

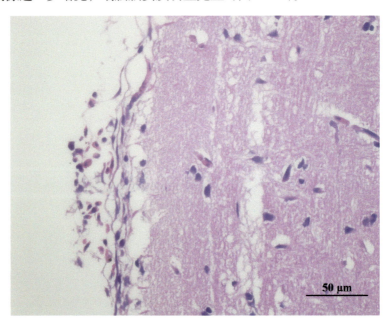

图5-35　IHNV感染后，中脑脑膜出血

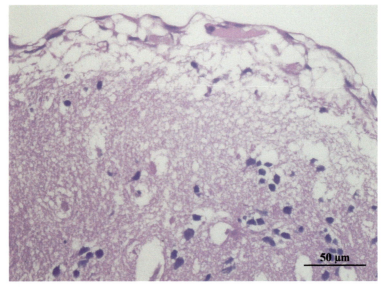

图5-36　IHNV感染后，端脑脑膜水肿

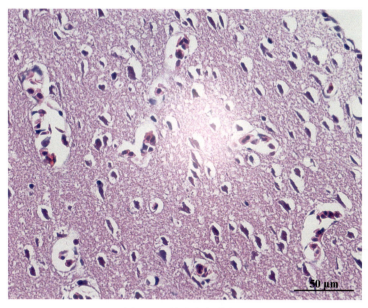

图5-37　端脑脑实质充血

　　鳃是鱼机体重要的呼吸器官，由鳃耙、鳃弓、鳃丝和鳃小片构成。健康幼鱼鳃各结构均清晰可见，鳃丝排列整齐（图5-38）。鳃小片是进行气体交换的场所，正常鳃组织鳃小片血液充盈，呼吸上皮、柱状细胞和毛细血管等结构轮廓清晰。

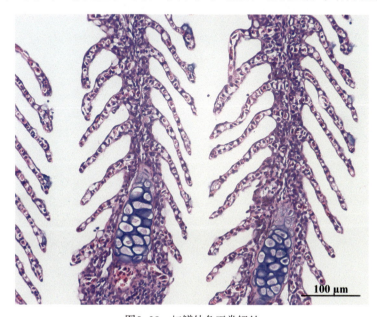

图5-38　虹鳟幼鱼正常鳃丝

IHNV 感染后，鳃丝水肿，缺血，鳃小片间隙增宽，细胞结构模糊（图 5-39）。临床观察发现，患病虹鳟幼鱼频频出现浮头、张嘴呼吸等症状，很有可能与鳃丝贫血和水肿造成的呼吸困难有关。

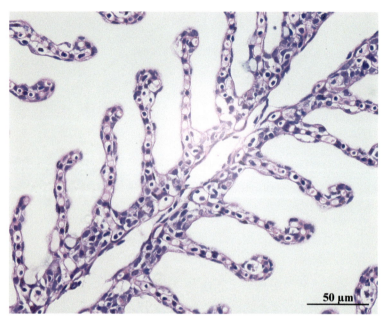

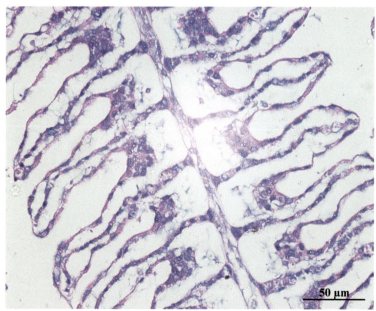

图5-39　IHNV感染后，鳃丝水肿，贫血

第三节　超微结构变化

对 IHNV 感染虹鳟的肝、脾和肾组织进行透射电子显微镜（Transmission Electron Microscope，TEM）观察，可观察到肝组织中细胞核固缩、裂解，胞浆中粗面内质网扩张，线粒体肿胀，嵴断裂，溶解，出现髓鞘样变（图 5-40）。脾组织淋巴细胞中出现大空泡，空泡内有不明颗粒，线粒体髓鞘样变，细胞溶解（图 5-41）。肾脏组织细胞中也有不明颗粒形成，细胞核固缩、裂解，胞浆中线粒体嵴断裂，溶解，出现髓鞘样变，细胞溶解（图 5-42）。

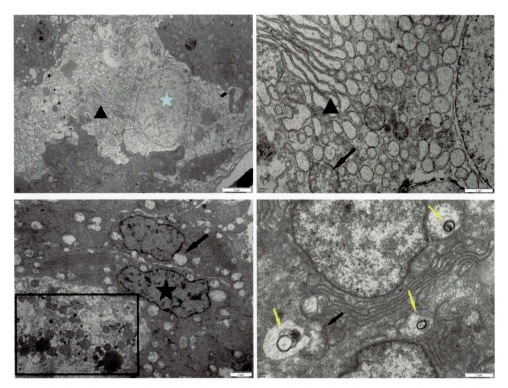

核内染色质丢失（★）；核固缩（★）；粗面内质网扩张（▲）；线粒体肿胀；嵴断裂；溶解（↑）；髓鞘样变（↑）；细胞裂解（□）。

图5-40　IHNV感染后肝组织TEM观察

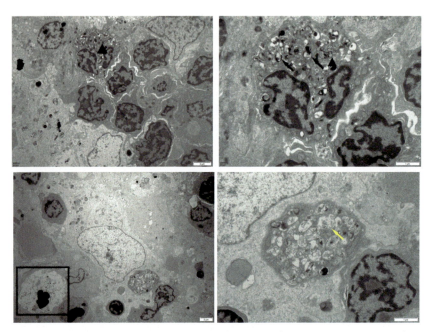

淋巴细胞内自噬小体增多（▲）；线粒体髓鞘样变（↑）；细胞胞质大空泡内有
不明颗粒（↑）；细胞溶解（□）。

图5-41　IHNV感染后脾组织TEM观察

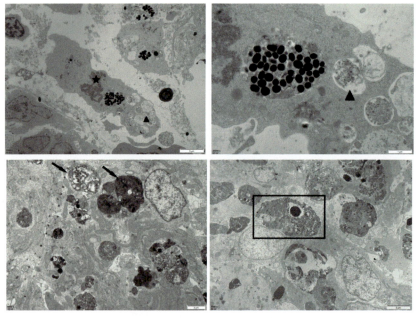

细胞核浓缩（★）；空泡样病变（▲）；自噬蓄积（↑）；细胞溶解（□）。

图5-42　IHNV感染后肾组织TEM观察

第六章 传染性造血器官坏死病致病机理

发病机理（pathogenic mechanism）是指疾病发生、发展与变化的机制和原理，它是研究疾病发生的一般规律的学说。之所以称为机理，是因为每种疾病都有其一定的发病规律，并表现全身或者局部（系统、组织、器官、细胞等）的病理反应。疾病发展变化的机理，简称病变机理，属于病理学范畴，指身体受到内外环境的影响而发生了失衡的病理过程。

第一节 传染性造血器官坏死病感染条件

病毒感染（viral infection）是指病毒通过多种途径侵入机体，并在易感的宿主细胞中增殖的过程。病毒感染成功的基本条件包括病毒的感染性、合适的感染途径和宿主机体的易感性等。目前影响 IHNV 感染的因素主要有宿主因素、病毒因素和环境因素等。

一、宿主因素

IHNV 引起疾病和死亡的能力很大一部分取决于宿主因素，例如鱼的种类、年龄和体质量。IHNV 通常只感染鲑鱼，但易感性随物种而异。随着年龄和体质量的增加，鱼类对 IHNV 的抵抗力会逐渐增强。卵黄囊尚未消失的仔鱼和不超过 2 个月大的幼鱼极易感染 IHNV，死亡率通常超过 90%，2 ~ 6 个月龄的幼鱼死亡率通常低于 50%。IHNV 也可以导致年长的红鲑和虹鳟出现死亡，但死亡率通常较低，对海洋养殖大西洋鲑的致死率相对较高（> 45%）。详细内容阅读第三章第六节品系或家系对传染性造血器官坏死病感染的易感性。

二、病毒因素

病毒的传播关键取决于感染宿主的能力，同一病毒不同毒力的分离株可能会存在竞争优势。不同种属的性成熟鲑鱼对 IHNV 的自然感染率从0%到100%不等。IHNV 感染的鱼类组织中病毒滴度通常超过 10^4 pfu/g。在几种鱼苗和幼鱼中，病毒剂量（$10^2 \sim 10^6$ pfu/mL）与死亡率直接相关。针对不同鱼种或鱼体规格的 IHNV 攻毒实验尚未在实验室之间进行统一和标准化。由于各种实验参数（例如毒株类型、感染剂量、感染途径和受试鱼的种类和大小等）的不同，因此很难评估不同 IHNV 分离株毒力的强弱。目前分离鉴定了许多 IHNV 毒株，并且表型和遗传相关性通常与地理起源相关，并且同一区域内的不同鱼种可以携带同种类型的毒株。IHNV 致死性分离株的毒力通常表现出某些宿主特异性，因此毒力是可变的，无法可靠地进行预测。

目前已对许多 IHNV 分离株进行了部分测序，糖蛋白基因区域的序列分析表明最大核苷酸多样性为 8.6%，表明该病毒的遗传多样性较低。基于 g 基因的低遗传多样性，部分学者认为糖蛋白不是主要的毒力蛋白。但是 g 基因内氨基酸出现变化，该变化可能导致 G 蛋白二级结构改变，从而导致病毒毒力和组织嗜性改变。目前 G 蛋白中有多个氨基酸替换的研究热点，但是这些变化是否与病毒毒力的变化有关尚不清楚。除了糖蛋白基因，其他 IHNV 基因的变化也可能会影响毒力。例如，nv 基因被认为是一种毒力因子，并且已被证明对虹鳟致病性至关重要。除了检测基于 G 蛋白的抗原差异外，单克隆抗体还检测了核蛋白中的异质性，但尚未确定核蛋白中异质性与毒力之间的关系。

影响 IHNV 毒力的另一个因素是与另一种病毒的共感染。当 IHNV 和 IPNV 合并感染时，IHNV 在宿主体内的复制会明显受到抑制，感染引发的死亡率也会降低。当 IHNV 和 VHSV 合并感染时，两种病毒在虹鳟体内都具有与单独感染时相近的病毒滴度。但是由于某种细胞水平上的相互作用，共同感染导致 IHNV 器官分布受到一定的限制。IPNV 干扰 IHNV 的复制似乎发生在病毒与宿主细胞的结合过程中，二者通过竞争病毒结合受体而相互抑制。尽管该推论尚未被证实，但 VHSV 和 IHNV 的共同感染也可能发生类似情况。

三、环境和管理因素

影响 IHNV 毒力最重要的环境因素是温度。IHN 自然流行通常发生在春季和秋季，此时水温为 8 ~ 14℃，通常不超过 15℃。因此将水温升高到 18℃可以降低虹鳟的死亡率，但是如果鱼已经被感染，升高水温则效果不大，并且不能防止新的感染。同样，在奇努克鲑的感染研究中也发现，与 11℃的水温相比，15℃的水温可以降低奇努克鲑 IHNV 的感染率。但是，当水温超过 17℃时，可能会暴发奇努克鲑幼鱼的慢性感染。详细阅读第三章第五节易感养殖环境。

养殖密度可影响 IHNV 的传播和流行水平，这是由于高密度养殖增加了病毒在水平方向上的传播速度。随着养殖密度的增加，鱼容易产生应激，水质可能会恶化，并且大大增加了不同个体之间接触的可能性。鱼苗中 IHN 的暴发通常与亲鱼产卵时密度过高或鱼卵 / 鱼苗分布密度过高有关。营养状况，应激和环境污染均可能会影响宿主对 IHNV 的易感性。例如，虹鳟长期暴露于铜中会增加 IHNV 引发的死亡率。因此，维持合理的饲养密度（图 6-1），保证优质的水源和饲养环境（图 6-2）对于 IHN 的防控极为重要。

图6-1　合理的饲养密度

图6-2　优质的水源和饲养环境

第二节　传染性造血器官坏死病感染过程

不同病毒攻击宿主的程序都是类似的，首先是寻找适合它们生存的寄体，然后在寄体细胞里生长繁殖，"劫持"了一个寄体细胞后，再继续向周围的细胞扩张"阵地"。当一个病毒寄生细胞时，往往会经过六个步骤：吸附、侵入、脱壳、生物合成、组装和释放。病毒入侵机体后会引发机体的抗病毒感染免疫应答，包括非特异性免疫与特异性免疫反应。前者指获得性免疫力产生之前，机体对病毒初次感染的天然抵抗力，主要为单核吞噬细胞、自然杀伤细胞及干扰素等的作用。后者指抗体介导和细胞介导的抗病毒作用。

一、病毒入侵

病毒是一种寄生物，它们没有细胞结构，必须入侵生物体，从而借助生物体的细胞进行增殖。因此，"不择手段地入侵"便是病毒唯一的"目标"。

病毒通常沿着包括以皮肤和黏膜为主的入侵方向大举进攻。在水体中，IHNV主要通过鱼的鳃、皮肤、鳍条基部、口腔、食道和贲门胃侵染宿主，病毒复制最初发生在表皮细胞中。在IHNV扩散到内部器官之前，病毒可以在虹鳟的鳍条基部、鳃和皮肤中短暂复制。相比之下，在病毒还没有扩散至内部器官前，奇努克鲑幼鱼的鳃和皮肤可以长时间支持IHNV的生长，最长可达39 d。

幼鱼肾脏和脾脏的造血组织受到IHNV的影响最严重，并且是最早出现广泛性坏死的组织。通常，在接触病原体后的1 d内，虹鳟幼鱼的鳃、皮肤和肠道即可检测到低浓度的IHNV，随后2~4 d感染扩散至肾脏。IHNV的感染率和病毒滴度在感染后2周内达到峰值，然后开始下降。患病鱼在感染后第28 d仍可检测到病毒，直到54 d后才不被检出。

IHNV感染有两个主要途径：一是通过鳃进入循环系统，二是从口腔进入胃肠道（GI），然后进入循环系统。两种途径均导致全身性病毒血症。有研究显示胃肠道途径并不能引起肾脏的初始感染，通过胃肠道途径摄入的病毒会暂时感染口腔和胃肠道内的上皮细胞，然后扩散至胃肠器官的基底部（一些高度血管化的结缔组织），如肠道的黏膜下层或固有层，从而导致心脏感染，进而全身性传播。IHNV极易感染宿主的上皮细胞，经短暂的复制后便很快侵染附近的结缔组织。在肾脏中，血窦内皮细胞最先被感染，然后病毒从网状内皮基质扩散到间质白细胞和黑色素巨噬细胞。在脾脏中，病毒主要位于椭球体的巨噬细胞中。在疾病的最后阶段，不仅肾脏的造血组织坏死，肾小球和肾小管也出现坏死。IHNV 幸存鱼可能出现脊柱弯曲畸形，包括脊柱侧弯和脊柱前凸。但成长到商业出售规格的幸存虹鳟出现脊柱畸形的概率较低。

二、病毒增殖

病毒进入宿主的活细胞后，借助于宿主细胞为其提供的原料、能量和酶等必要条件，以自我复制的方式进行增殖。在这个过程中，病毒以其自身基因组核酸为模板，在 DNA 或 RNA 多聚酶及其他必要因素作用下合成子代病毒的核酸和蛋白质，装配成完整病毒颗粒并释放到细胞外。

IHNV 病毒基因组在细胞中的复制过程与狂犬病病毒的复制过程相似。简单地说，首先是病毒粒子通过受体介导的内吞作用进入宿主细胞，这一过程主要是由 G 蛋白与细胞膜受体结合所启动的。紧接着病毒胞膜与细胞膜融合，将病毒的核衣壳释放入细胞质中。在细胞质中，IHNV 的病毒基因立马从基因组上进行转录，通过由病毒粒子带入的以 RNA 为模板的 RNA 聚合酶参与病毒 mRNA 的合成。病毒蛋白的合成由细胞核糖体完成。新的病毒基因组复制则以全长的单链正义 RNA 为模板进行复制。N、L、P 蛋白由游离的核糖体合成，三者结合到新合成的病毒基因组上，形成核糖核蛋白（Ribonucleoprotein，RNP）核心；RNP 再与 M 蛋白结合形成 RNP-M 复合体。G 蛋白由内质网绑定的核糖体合成，它属于一种糖蛋白，在内质网和高尔基体中进行修饰后转运和插入到宿主细胞表面的质膜上。RNP-M 复合体迁移到富含病毒 G 蛋白的细胞质膜区域，嵌入细胞膜内的 G 蛋白被 RNP-M 复合体捕获，随后从细胞膜上进行出芽，形成具有完整胞膜的 IHNV 病毒粒子。

N 蛋白 mRNA 是病毒复制过程中产生的第一个 mRNA，因为 N 蛋白是出现在受感染细胞中的第一个病毒蛋白。此外，病毒 N 蛋白能够将 RNA 转录过程从 mRNA 合成切换为子代基因组（＋）合成。病毒 N 蛋白在病毒复制后期大量存在，与新生的 RNA 转录物结合并阻止病毒聚合酶识别 mRNA 转录终止信号，从而导致全长（＋）链模板的合成，用于生产负义链的病毒子代基因组。在病毒复制的高峰时期，如果将 n 基因的 mRNA 浓度设置为 1，那么 p 和 m 基因的 mRNA 相对浓度为 2.52 ± 0.40，g 基因的 mRNA 相对浓度为 0.49 ± 0.03，nv 基因的 mRNA 相对浓度为 0.41 ± 0.14，l 基因 mRNA 相对浓度为 0.02 ± 0.01。

IHNV 感染会导致宿主细胞蛋白质合成受到抑制。IHNV 的这一致病特征不同于 RV，RV 感染后细胞蛋白的合成不受抑制。有研究显示，IHNV 感染后 2 ~ 3 h，就能够检测到合成的 N 蛋白，6 ~ 7 h 后，能够鉴定到 P 和 M 蛋白，9 ~ 10 h，出现两种形式的糖蛋白 G1 和 G2，它们代表蛋白质的不同糖基化状态。感染后 15 h，细胞宿主蛋白的合成被完全抑制，病毒 L 蛋白与其他蛋白在凝胶中逐渐区分开。感染后 12 h 开始产生子代病毒。

三、宿主免疫反应

（一）宿主免疫器官

相比于哺乳动物，鱼类的免疫器官较为简单，没有高等动物那样的骨髓和淋巴结。在鱼类的免疫学研究中，已经证实鱼类的免疫器官主要有胸腺和脾脏，以及一些类似骨髓和淋巴结功能的前肾及散在的淋巴样组织。弥漫性的淋巴样组织很常见，往往没有办法用传统的解剖学术语来描述和定义这些组织。

胸腺作为鱼类的中枢免疫器官，其功能就是提供一个让 T 细胞发育成熟的场所或生境。硬骨鱼胸腺是位于鳃腔（Opercular cavity）上皮背侧的一对对称分布的器官，它们被咽上皮（Pharyngeal epithelium）所覆盖，从而与外部环境隔离。该器官主要由网状上皮细胞（Reticulated epithelial cells）构成一个生境（Niches），而 T 细胞被包埋于该生境之中。因此，胸腺也被称为淋巴上皮器官（Lymphoepithelial organ）。胸腺是一种动态变化的器官（Dynamic organ），一般在大多数鱼类幼龄时期就发育成熟，在性成熟后则逐渐退化。

脾脏位于腹腔下后方的腹腔肠系膜上，一般被内脏脂肪包裹，表面光滑，有背膜，因充满红细胞而呈现暗红色。脾被认为是原始的次级淋巴器官，几乎所有的有颌动物（Gnathostomes）都拥有这个器官，在这个器官中产生适应性免疫反应。许多不同的感染可以引起脾（Splenomegaly）肿大，这提示脾脏发挥了其作为次级淋巴器官的功能。脾脏与黏膜相关淋巴组织和皮肤相关淋巴组织共同组成了鲑鳟鱼类的外周免疫器官，外周免疫器官也称次级淋巴器官，指的是成熟的淋巴细胞（T 细胞、B 细胞）发育完成以后，定居以及接受抗原刺激之后，发生免疫应答的场所。

在脊椎动物的进化历程中，产生了复杂性递增的三种不同形式的肾脏：前肾（Pronephros）、中肾（Mesonephros）和后肾（Metanephros）。鲑科鱼类未发育形成后肾，其前肾（Pronephros）和中肾（Mesonephros）分别作为头肾（Cephalic or head kidney）和外分泌体肾（Exocrine or trunk kidney）长期存在。鲑科鱼类的头肾具有抗原收集能力，许多研究中都证实了它的抗原截留功能。因此，我们往往能从患病鱼的头肾组织中分离到造成鱼系统性感染或全身感染的病原微生物。

人们早就知道，暴露在外的鱼鳃在鱼类免疫中起着重要作用。在鱼类中，扁桃体尚未见有报道，但研究者在鲑鱼的鳃中发现有淋巴组织，将其描述为鳃间淋巴组织（Interbranchial lymphoid tissue，ILT）。2020年，有研究者在鲑科鱼的ILT中观察到CCL19的表达，支持了ILT作为一种淋巴器官的说法。

2019年，研究者在大西洋鲑鱼的肛门区发现了一种迄今尚未报道的结构。最初，他们是在连接腹腔与外界环境的腹腔通道中寻找免疫组织。然而，这些探究却意外促进了"鲑囊（Salmonid bursa）"的发现和鉴定。目前研究结果显示，鲑囊形成了以T细胞为主的厚而突出的淋巴上皮。由于鲑囊位于鲑鱼的泄殖腔区域，它可能高度暴露于肠道和环境抗原，对局部免疫防御系统起着重要的作用。

硬骨鱼的嗅觉器官（Olfactory organ）有两个不同的黏膜区隔，即嗅觉上皮尖端区域和嗅觉上皮（Olfactory epithelium）区域，两者都有各种不同的免疫细胞。硬骨鱼对鼻腔免疫和感染的局部和全身免疫反应均已有研究报道。

（二）宿主免疫应答

免疫反应是指机体对于异己成分或者变异的自体成分做出的防御反应，分为非特异性免疫反应和特异性免疫反应。非特异性免疫反应构成机体的第一道防线，并协同和参与特异性免疫反应。特异性免疫反应按介导效应反应免疫介质的不同，又可分为T细胞介导的细胞免疫反应和B细胞介导的体液免疫反应。

针对IHNV感染，鲑鱼会产生非特异性和特异性免疫保护。感染期间，宿主存在三个不同的免疫反应阶段：早期抗病毒应答（Early antiviral response，EAVR）、特定抗病毒应答（Specific antiviral response，SAVR）和长期抗病毒应答（Long-Term antiviral response，LAVR）。

EAVR或先天性非特异性免疫反应是防御第一线。在暴露于IHNV或接种疫苗后的数小时至数天内，会迅速诱导这种反应。该反应具有低特异性，对其他鱼类弹状病毒具有暂时的交叉保护作用，并且可持续3~4周。病毒感染或疫苗接种后的早期免疫是通过I型干扰素（Interferon，IFN）系统介导的。病毒感染后的早期免疫反应十分复杂。总的来说，大量模式识别受体，I型IFN及其诱导基因，促炎细胞因子、趋化因子、信号分子和非病毒特异性基因被上调和表达。

EAVR 后期则出现了先天免疫到适应性免疫的转变。SAVR 从感染后 3 ~ 4 周开始，可诱导强烈的特异性保护，并持续数月。早期研究表明，针对 IHNV G 蛋白的中和抗体具有一定的免疫保护作用，并通过被动免疫得到了证实。在 SAVR 阶段，大多数疫苗在免疫接种 4 ~ 8 周后通过攻毒实验来测试其功效，由此获得的 IHNV-DNA 疫苗的相对免疫保护率通常超过 90%。DNA 疫苗可以在宿主体内编码 IHNV G 蛋白，诱导血清中和抗体的产生，有研究显示当检测到低水平的中和抗体时即可实现免疫保护。这表明，接种鱼中的抗体水平不是保护性免疫的唯一要素，因此不应用作评估免疫状态的唯一标准。

免疫防御的第三个阶段是长期抗病毒应答（LAVR）阶段。在虹鳟中，此阶段从 DNA 疫苗接种后 6 个月开始，持续至少 25 个月。该应答阶段的特征是血清阳性检出率降低，中和抗体滴度降低，并低至无法检测的水平。尽管保护级别降低了，但相对免疫保护率仍保持在 47% ~ 69% 之间。有学者表示鱼类可能也存在再次应答（Secondary response），即机体再次接受相同抗原刺激可产生再次应答，或称回忆应答（Anamnestic response）。LAVR 具有与 SAVR 相同的高特异性，并且保护机制涉及其他免疫反应，例如细胞免疫反应。

目前人们对鱼体针对 IHNV 的免疫相关基因已有一定研究，但关于 EAVR、SAVR 和 LAVR 涉及的免疫机制，仍然存在许多疑问，确切的保护机制仍有待确定。到目前为止获得的数据表明，早期的非特异性免疫保护与干扰素有关，而中和抗体和细胞免疫则在后期的持久免疫保护中起作用。因此，IHNV 与宿主免疫系统的相互作用机制的深入研究可以为 IHNV 的防治提供新的策略。

第七章 传染性造血器官坏死病的诊断

水生动物疾病的诊断一般就是提出假设、收集证据和验证假设三个环节，IHN 的诊断遵循同样的思路。我们提出 IHN 诊断假设的实质就是找到匹配虹鳟 IHN 症状的典型特征（尤其是内脏器官的出血），所以我们需要一定的关于 IHN 发病的知识储备和经验，以便提出最为准确的诊断。在收集证据的过程中，我们需要保持一定的开放性，需要不断校正，不要因为惯性思维产生不符合 IHN 发病特征的假设。同时，我们需要注意，往往发病鱼的反常症状是诊断 IHN 的突破点，这也要求诊断者对虹鳟的生理活动和正常行为有一定了解，才能真正发现"反常"行为和病理症状，从而给出恰当的诊断。

第一节 现场调查及临床诊断

了解病因是制订预防疾病的合理措施、做出正确诊断和提出有效治疗方法的根据。水产动物疾病发生的原因虽然多种多样，但基本上可归纳为以下几类：病原的侵害、环境因素、营养因素、遗传性因素以及机械损伤。这些病因对养殖动物的致病作用，可以是单独一种病因的作用，也可以是几种病因混合的作用，并且这些病因往往有着相互促进的作用。由病原生物引起的疾病是病原、宿主和环境三者互相影响的结果。在进行现场调查的过程中，可结合传染性造血器官坏死病病毒所引起的特征性病变，从而对疑似病原进行临床上的初步诊断。

一、调查养殖过程中出现的各种异常现象

观察濒死养殖动物的游动情况和体色的改变等特征，鱼病的发生分急性和慢性两种类型。急性型鱼病，有的表现出血等症状，有的外表与正常鱼区别不大，但一经出现死亡，死亡率就会急剧上升，常在短期内出现死亡高峰。慢性型鱼病，病鱼体色变黑，游动缓慢，死亡率缓慢上升。有些鱼病，病鱼一旦离开水体或死亡之后，一些典型症状会看不见，对确诊造成困难，如白头白嘴病，鱼体在水中躁动不安，上窜下跳，有时急剧狂游，出现此情况一是因为寄生虫侵袭，二是水

中含有有毒物质，若是前者，鱼可能慢慢死亡，若是后者，则往往突然大批死亡。

IHNV 感染的典型临床症状表现为体色发黑、眼球突出、腹部膨大、鳃丝苍白，肛门外拖有白色不透明粪便；鳍条基部和肛门出血，部分鱼的鳃、吻部、眼球、皮肤、肌肉可能出现淤血点。行为上，发病初期病鱼呈现嗜睡，游动迟缓，顺流漂动，时而出现狂游、痉挛，往往在剧烈游动后不久死亡，出现狂游是 IHN 发病特征之一。死亡特征表现为急性死亡和高死亡率，就鱼大小而言，小于 2 月龄鱼苗出现 IHN 症状后数天死亡率可高达 100%，鱼龄越大死亡率越小。

二、考察养殖水体的物理和化学状况

鱼病的发生除了病原体直接感染和侵袭外，还应考虑池塘周围环境和水体物理化学状况的变化对鱼类发病的影响。疾病诊断时现场发病情况调查对疾病的准确诊断具有重要的作用。

调查发病池塘环境，其中包括周围环境和内环境。前者是指了解水源有没有污染和水质情况，池塘周围有哪些工厂，工厂排放的污（废）水含有哪些对鱼类有毒的物质，这些污（废）水是否经过处理后排放，以及池塘周围的农田施药情况等。后者是指池塘水体环境，水的酸碱度、溶解氧、氨氮、亚硝酸盐和水的肥瘦变化是造成鱼病的主要原因之一。

水色是指溶于水中的物质，包括天然的金属离子、污泥及腐殖质的色素，微生物及浮游生物、悬浮的残饵、有机质黏土或胶状物等，在阳光下所呈现出来的颜色。但组成水色的物质以浮游生物及底栖生物对水色的影响最大。

良好的水色有以下优点：①可增加水中的溶解氧；②可稳定水质、降低水中有毒物的含量；③可当饵料生物，提供养殖对象天然的饵料；④可降低水体的透明度，抑制丝藻及底藻的滋生，透明度的降低有利于养殖对象防御敌害，提供一个安全的生长环境；⑤可稳定水温；⑥可抑制病菌的繁殖。衡量水色的标准：肥，有一定的透明度（30 ~ 40 cm）；活，早上清淡一些，下午较浓一些，浮游动植物平衡；嫩，藻类生长旺盛，水色呈现亮泽、不发暗；爽，指水中悬浮或溶解的有机物较少，水不发粘。因此，调查水源、水深、淤泥，加水及换水情况，观察水色早晚间变化，池水是否有异味等，测定池水的 pH、溶解氧、氨氮、亚硝酸盐、硫化氢等都是必不可少的工作。

对于 IHN 而言，水温是其暴发的关键因素，自然感染 IHNV 通常在越冬时期暴发,水温在 8 ~ 14℃,水温高于 15℃一般不发病。根据国内记载的流行情况,4℃条件下,稚鱼开始出现 IHN 症状,5 ~ 6℃的温度下开始出现死鱼现象,8 ~ 9℃时稚鱼全部死亡。水温在 10℃以上时,鱼病情会减缓。

三、调查饲养管理情况

在诊断某种疾病之前,首先向渔农询问,了解其水源情况、养殖品种及密度、往年的发病史、用过何种药物,使用药物的浓度和次数、效果怎样,濒死的病鱼有何种症状和表现,死亡病鱼有哪些特征性的眼观病理变化。调查中应注意,病鱼是陆续少量死亡还是死亡有明显的高峰期,前者应考虑是寄生虫侵袭的可能,而后者可能是暴发性传染疾病。

调查养鱼史、继往病史与用药情况等:了解养殖史,新塘发生传染病的机会小,但发生畸形的机会较大;药物清塘情况,包括使用药物的种类、剂量和方法,以及清塘后投放鱼种的时间、鱼种消毒的药物和方法,还有近几年来常有哪些鱼病,它们对鱼的危害程度和所采取的治疗措施及其效果,本次发病鱼类死亡的数量、死亡种类、死亡速度、病鱼的活动状况等均应仔细了解清楚。

调查饲养管理情况:鱼类发病,常与管理不善有关,例如施肥量过大、商品饲料质量差、投喂过量等,都容易引起水质恶化,导致缺氧,严重影响鱼体健康,同时给病原体以及水生昆虫和其他敌害生物的加速繁殖创造条件;反之,如果水质较瘦,饲料不足,也会引起跑马病等疾病。

投喂的饲料不新鲜或不按照"四定"(定量、定质、定时、定位)投喂,鱼类很容易患细菌性肠炎。运输、拉网和其他操作不小心,也很容易使鱼体受伤,鳞片脱落,使细菌和寄生虫等病原侵入伤口,引发多种鱼病,如赤皮病、白头白嘴病、水霉病等。因此,对施肥、投饲量、放养密度、规格和品种等都应有详细了解。此外,对气候变化、敌害(水兽、水鸟、水生昆虫等)的发生情况也同时进行了解。

检查养殖池的放养密度是否过大,每天投饵的数量、次数和时间是否适宜,饵料的质量及营养成分是否安全,残余饵料的清除是否及时,换水或加水的数量和间隔的时间是否合理,使用的工具是否消毒等。

同时也需要检查养殖群体的生活状态:①活力和游泳行为:健康的鱼、虾类在养殖期常集群,游动快速,活力强。患病的个体常常离群独游于水面或水层中,活力差,即使人为给予惊吓,反应也较为迟钝,逃避能力差。有的在水面上打转或上下翻动，无定向地乱游，行为异常，有的侧卧或匍匐于水底。②摄食和生长：健康无病的养殖动物，反应敏捷、活跃、抢食能力强。按常规量，在投饲半小时后进行检视，基本上看不到饲料残剩。患病的个体体质消瘦，很少进食。在鱼苗和虾苗期还可观察到消化道内无食物。③体色和肢体：健康无病的鱼体色正常，外表无伤残或黏附污物，在苗种阶段身体透明或者半透明。而患病的个体，体表失去光泽，体色暗淡或褪色，有的体表有污物、鳍膜破裂、烂尾、鳞片脱落或竖起等。

四、标本的收集、固定和保存方法

供检查的动物应是患病后濒死的个体或者死后时间很短的新鲜个体。死后时间较长的个体，体色已经改变，组织已经变质或者自溶，症状消退，病原体脱离亦或死亡后变形从而无法检查。取样时，健康、生病、濒死的个体均应采样，以便比较检查。有些疾病不能立即确诊的，用固定剂和保存剂将患病动物的整个身体或部分器官组织加以固定保存，以供进一步检查。

对于IHN，应就地剖解患病濒死的鱼类，剪取肾脏和脾脏，剪碎后加入RNA样品保护剂，置于冰盒中低温保存送至实验室备检。在条件允许的情况下，应另剪取新鲜肾脏和脾脏于液氮中低温保存，送至实验室进行病毒的提取和进一步培养。采集自然患病鱼的心、肝、脾、肾、肠道和脑等组织的病变与正常组织交界处。用解剖刀修整成体积约为 1.0 cm×1.0 cm×0.3 cm 小块于生理盐水清理后，迅速置于 10% 甲醛固定液中固定 48 h 以上。

五、材料的记录和标本的包装

材料的分类应根据不同的实验室处理方法来进行区别标记，根据不同样本处理的保存条件不同分为常温保存（15 ~ 25℃）、低温保存（0 ~ 4℃）以及超低温保存（-196℃左右），在包装的过程中一定要确保样本的密闭性，多层密封和保护，防止一切生物样本的外泄和污染。同时在运输的过程中要确保样本得到妥善的存放，最大程度避免因运输过程中的碰撞、挤压和颠簸所导致的样本瓶破裂以及样本污染。

总而言之，病原、宿主和环境三者有极为密切的相互影响的关系，这三者相互影响的结果决定疾病的发生和发展。在诊断和防治 IHNV 的过程中，我们在进行实验室的一系列诊断手段之外，还应当全面地考虑在饲养过程中一切可能带来不利结果的因素，要综合考虑它们之间的关系，才能找出病因所在，从而采取有效的预防和治疗手段。

第二节　实验室诊断

一、病理学检查

剖检 IHNV 感染病死鱼可见肝和脾通常显苍白，腹腔存积血样液体，消化道中缺少食物，胃内充满乳白色液体，肠内充盈黄色液体；成鱼在后肠和脂肪组织中可见瘀斑状出血。IHNV 感染的主要病理变化表现为头肾、体肾的造血组织发生严重变性坏死，此外脾脏、肝脏、胰腺和消化道也会发生一定程度的变性坏死，心脏还有可能出现坏死性血栓，肠壁嗜酸性颗粒细胞坏死是 IHNV 感染的特异性病征。

（一）光学显微镜检查

取病鱼的眼球、脑、心脏、肝脏、脾脏、肾脏、胃、肠道、肌肉、卵巢、脊柱等组织，固定于福尔马林溶液或市售相关固定液中，用固定好的组织样品制作石蜡切片，厚度 4 μm，H.E 染色，中性树脂胶封片，显微成像系统观察并拍照。观察是否有特征性病理变化、是否形成病毒包涵体、是否有细菌团块等，以明确诊断。

病鱼的特征性坏死多发生于前肾和脾中，在骨胳肌上也可能出现病灶性出血；肠黏膜下层嗜酸性粒细胞浸润是严重坏死的标志；病灶样坏死存在于肝和胰腺组织。血液中嗜中性白细胞数量减少，血红蛋白和血细胞容量比值下降。垂死鱼发生肾窦充血，最终因肾脏衰竭而导致死亡。

（二）电子显微镜检查

取病鱼肾脏和脾脏等组织置于研钵中剪成小块，加入液氮研磨成粉末，再加入培养基收集到离心管内，离心后取上清液用滤器过滤除菌，并进行 10 倍、50 倍、100 倍稀释。将稀释的病毒液加入铺满细胞的培养瓶中，并在适宜的温度等条件下培养。

每天观察细胞是否发生病变，若无病变发生则继续盲传，并记录细胞病变比例，待细胞病变 80% 以上时进行收获。将收获的病变细胞进行 3 次反复冻融，冷冻时间每次 30 min，离心后，小心吸取上清将沉淀悬浮，固定负染后用透射电镜进行观察。

作为临床疾病诊断的"金标准"，运用病理学的方法通过典型临床症状和组织病理学变化进行判断，在早期对 IHN 的诊断起到了至关重要的作用。随着电子显微镜技术的突飞猛进，相较于传统方法，通过电子显微镜可以更加直观和精确地观察到病原，对疾病的辅助诊断起到了决定性的作用。

二、分子生物学检查

基于 IHNV 基因组和蛋白组的特异性生物标记，运用一系列的分子生物学技术快速、便捷、准确检测虹鳟养殖过程中的 IHNV（图7-1），不仅有利于养殖户及早诊断病情，合理用药，还能分析 IHNV 的传播途径和进化趋势，为进一步防控传染性造血器官坏死病，减少水产养殖经济损失提供思路。

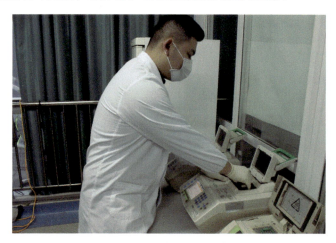

图7-1　IHNV实验室分子检测

（一）聚合酶链式反应

聚合酶链式反应（Polymerase chain reaction，PCR）是一种临床以及研究中最为重要的分子生物学方法。PCR 以 DNA 半保留复制机制为基础，在体外快速拷贝目的基因或者某一 DNA 片段，并扩增至十万乃至百万倍的过程。

逆转录聚合酶链式反应（RT-PCR）是检测 IHNV 最为灵敏、迅速的方法之一。作为 PCR 的变形，RT-PCR 是将 RNA 的逆转录（RT）和 cDNA 的聚合酶链式扩增（PCR）相结合的技术。首先 RNA 经反转录酶作用合成 cDNA，再以 cDNA 为模板，扩增合成目的 DNA 片段。RT-PCR 技术反应灵敏、用途广泛，可用于检测组织或者细胞中基因表达水平以及 RNA 病毒的含量，还可用于直接克隆特定基因的 cDNA 序列。总 RNA、mRNA 或体外转录的 RNA 产物均可以作为 RT-PCR 反应的模板。

Arakawa 等于1990年通过 RT-PCR 扩增 IHNV 基因组 N 蛋白252bp 的核酸片段，循环扩增 25 个循环后，在溴化乙锭染色的琼脂糖凝胶上可以很容易地看到预期大小的 PCR 产物片段。用生物素化寡核苷酸探针进行 Southern 和斑点分析，证实了扩增片段的特异性。OIE 2019 版建议使用上游引物 5′-AGA-GAT-CCC-TAC-ACC-AGA-GAC-3′ 和下游引物 5′-GGT-GGT-GTT-GTT-TCC-GTG-CAA-3′ 扩增 IHNV 基因组糖蛋白 g 基因片段，特异性检测 IHNV。同时，该基因片段还可以用于 IHNV 不同毒株进化分析，从而调查其流行病学史，分析病毒的传播路径。除此以外，国内学者也多次使用不同引物来检测 IHNV，旨在提高检测的灵敏性和特异性。我国现行的鱼类检疫标准 2008 版中显示，选取 IHNV n 基因片段，设计其上、下游引物。第一对引物先从样本 cDNA 中扩增 786 bp 特异性片段，第二对引物再以 786 bp 的 PCR 产物作为模板来进一步扩增 323 bp 片段，若琼脂糖电泳显示两次片段均可见或可见 323bp 片段即样品为 IHNV 阳性。该方法可以明显降低假阳性，提高检测的准确度。PCR 检测有许多影响因素，因此需要严格遵守 PCR 操作规程，从而避免假阳性结果。

（二）核酸杂交

核酸杂交（Nucleic acid hybridization）：一种单链核苷酸（DNA 或 RNA）相互作用，使具有相似互补序列的分子形成称为杂种复合物的技术，称为核酸分子杂交技术，又称核酸杂交。杂交分子的形成并不要求两条单链的碱基顺序完全互补，故而不同来源的核酸单链之间只要具有一定顺序的互补序列即可形成杂交体。杂交可以在溶液中进行，也可以固定在凝胶或（最常见的）硝化纤维上进行。

当核酸杂交置于固体载体上时，称为印迹，可以分为三种类型，即 Southern 印迹、Northern 印迹和 Western 印迹。Southern 印迹是用 DNA 或 RNA 探针识别 DNA 分子；Northern 印迹即 RNA 或 DNA 探针识别 RNA 分子；Western 印迹是用特异性抗体识别蛋白质序列。杂交中所用的核酸探针即一段经放射性标记的单链核酸，可以识别与之互补的核酸序列，用于与膜结合。探针长度一般为 10 ~ 10 000 bp，过短的探针杂交速度非常快，常在几分钟内完成，但非特异性杂交明显，而且很难追踪。而过长的探针杂交非常缓慢，但杂交更稳定、特异性更强。

IHNV 的核酸杂交，即 RNA 印迹杂交，主要分为原位杂交和斑点杂交。其中，原位杂交在 IHNV 的检测中较为广泛，可以直接检测感染宿主组织中的 IHNV。Anderson 于 1991 年利用病毒 *n* 基因设计并合成探针，优化其杂交条件，确定了该探针的特异性和灵敏性，有利于检测 IHNV 的易感组织。1997 年，Gonza'lez 等报道了使用高特异性非放射性探针斑点杂交直接检测 IHNV 的能力。该检测方法最早能够对 IHNV 感染 6 h 左右的有或无症状的鱼体组织进行检测，检测病毒 RNA 的灵敏度可达 4 pg。吴斌等（2011）体外扩增 IHNV-DL 毒株，建立原位杂交方法检测人工感染斑马鱼，发现病鱼体内普遍存在病毒，脑部和内脏中含量较高，因此该方法也可以用于检测 IHNV 在病鱼体内不同组织的分布情况。

（三）基因芯片

随着基因组数据的增长，基因芯片（Gene chip）技术得到广泛应用。基因芯片也称 DNA 芯片（DNA chip）、生物芯片（Biochip）或微阵列（Microarray）。20 世纪 90 年代中叶 DNA 芯片技术出现前，传统分子生物学技术通常只能同时对少数几个基因的表达情况进行研究。作为一种能够获得大量基因表达图谱的高通量技术，基因芯片应运而生。

基因芯片是附着在固体表面的微小 DNA 点的集合，每个 DNA 点包含一个特定的 DNA 序列，称为探针。微阵列的基本原理是两条 DNA 链的杂交，即利用 DNA 双螺旋序列的互补性，以碱基形式在两条链之间形成氢键配对（A 与 T 配对，形成两个氢键；G 与 C 配对，形成三个氢键）。基因芯片有两种：cDNA 和寡核苷酸。cDNA 基因芯片是由斯坦福大学团队开发，该系统基于标准的逆转录反应和 PCR 扩增，然后克隆每个感兴趣的基因的 cDNA。利用机器人打印机将 cDNA 克隆体打印在载玻片上。cDNA 芯片技术较为繁琐，但因其高密度、定制检测而具有很强的特异性。寡核苷酸芯片是直接在固体表面直接合成寡核苷酸探针。最初，这一方法用于检测 DNA 单核苷酸多态性（SNPs）。随后，将其应用于测定 mRNA 的表达。寡核苷酸芯片需要选择并且优化序列，与全长 cDNA 点样相比，寡核苷酸探针长度一般为 25 个碱基。该方法不需要扩增步骤，能够有效区分有同源序列的基因；此外，寡核苷酸芯片还可以通过原位合成法制备，而 cDNA 芯片只能通过后者制备。上述特点使得寡核苷酸芯片的应用日益广泛。但是当寡核苷酸序列较短时，需要用多段序列代表整段基因。

尹伟力等（2022）发明了一种基于液相芯片检测 IHNV 的方法，设计特异性寡核苷酸探针，在液相芯片仪中分析 IHNV 以及其他水生动物病毒，结果显示该方法不仅灵敏度高，操作简单，还没有污染，时间短且最低检测限度为 100 pg，便于实际应用。此外，研究者还开发了一种能快速准确检测受感染的鱼体内病毒基因的 DNA 芯片：IHNV、VHSV 和 HIRRV。分别选用三种病毒的 N 蛋白、Ml 蛋白和 G 蛋白为探针，用交叉 PCR 检测探针的特异性。制备的探针分别在聚赖氨酸或氨基硅烷涂覆的载玻片上进行定位，并在不同条件下与目标 DNA 进行杂交，以确定最佳实验条件。但是，该方法在 IHNV 临床检测中应用并不广泛，更适用于样本基因分析。

（四）病毒基因测序

基因测序是鉴别病毒最为准确的方法。将测序结果同 IHNV 已知序列进行比对，不仅能够得到 IHNV 不同毒株之间的差异，还能进一步了解 IHNV 流行病学信息。

Nichol 等（1995）于 1995 年对来自美国西部的 12 株 IHNV 分离株的 g 基因和 nv 基因进行测序。他们发现 2 株最大的核苷酸差异仅为 3.7%，而这些分离株均表现出地理聚类，且这种地理聚类并不与宿主和分离年份直接相关。国内学者针对 IHNV 指纹序列进行分析，设计扩增引物及测序引物，经 PCR 扩增后对 PCR 产物进行焦磷酸测序，通过对反应条件和反应体系的优化，成功建立了 IHNV 焦磷酸测序检测方法。同常规测序方法相比，该检测方法便于大规模测序，测序时间短，在 4 个小时内就可以完成全部检测过程。

相比传统的 IHNV 检测技术，分子生物学具有更加明显的优势。不仅可以显著提高检测速度、灵敏度、准确度，还越来越多地用于疾病的早期诊断，并应用于鱼和鱼卵转移到新的地点时的检测。此外，其中一些检测方法取得的结果能够为该病毒的传播情况和变异程度提供信息。然而，这些检测方法存在一个普遍缺点，即与传统的细胞培养方法相比，只能间接地证明该病毒的存在。因此，阳性以及阴性对照在分子生物学检测中极其重要。

三、血清学检查

血清学是对血清和其他体液的科学研究。实际上，它通常是指血清中抗体的诊断鉴定。此类抗体通常是针对感染给定的微生物，针对其他外源蛋白或自身蛋白（在自身免疫性疾病的情况下）而形成的。血清学检查通常需要对病原体特异性结合的多克隆或单克隆抗体。已批准的 IHNV 鉴定方法包括血清中和、免疫荧光试验和酶联免疫吸附试验（ELISA）。此外，其他可用于检测的血清学方法还有蛋白质印迹、斑点印迹和葡萄球菌共凝集试验。

（一）中和试验

在中和试验中，血清和病毒以等量反应，并接种到易感的动物宿主或细胞培养物中。如果存在病毒抗体，则不会观察到临床疾病或细胞病变；也就是说，病毒复制将被抑制，病毒被中和。因此，任何检测病毒感染性的方法都可以用于病毒中和。病毒中和试验用于使用已知参考抗血清/单克隆抗体识别未知病毒，或测量血清样本中针对已知感染病毒的病毒中和抗体水平。动物血清中的特异性抗体水平表明以前接触过某一特定病毒，通常可以表明对病毒的易感性。病毒感染的诊断需要提交成对的血清样本：在临床症状出现时采集急性期样本，2～3周后采集恢复期样本。为了准确解释，急性和恢复期的样品应同时用同一方法在同一化验中进行化验。在恢复期样本中抗体滴度增加4倍或更高，被认为是在采集急性样本时由特定病毒主动感染的诊断（并被称为血清转化）。病毒中和试验是敏感和特异的，但也比许多其他试验更复杂、耗时和昂贵。病毒中和试验现在使用微量滴定系统如微中和测定法（Micro Neutralization Assay）等进行中和抗体的定量分析，这样更经济且更容易执行。

中和试验方法已经不断被优化，目前有两种主流的方法，一种使用恒定的病毒浓度和不同的血清稀释度，另一种使用恒定的血清稀释度和不同的病毒浓度。前者使用的血清量最少，在制备过程中不易出错。由于 IHNV 能引起细胞空斑，可以使用蚀斑减少中和试验。中和试验检测速度不是很快，需要 7～10 d 才能得到结果。如果加上细胞培养分离病毒，总的检测时间为 2～8 周。显然，必须开发更加快速的诊断方法，以便感染的病鱼能够被迅速销毁或隔离，以防止病毒进一步传播。

（二）血凝及血凝抑制试验

血凝试验是通过与病毒颗粒或病毒蛋白结合而使红细胞凝集。许多动物病毒能与不同动物种类的红血球表面结构结合而产生凝集作用。血凝病毒的典型例子是正黏病毒科的成员，如传染性鲑鱼贫血病毒（Infectious salmon anaemia virus,

ISAV），血凝蛋白是病毒包膜的一部分。血凝检测试验是在 96 孔圆形底孔微量滴定板上进行的，对细胞培养中非细胞增生性病毒分离株的检测和临床标本中病毒的直接检测都有重要意义。血凝抑制试验是定量的；1 个血凝单位（HAU）为能够发生完全血凝（不流淌）的病毒样品最高稀释倍数。

在血凝抑制试验中，血清样本中的病毒抗体与病毒结合并阻断病毒包膜或衣壳上的结合位点，从而防止病毒凝集红细胞。在抗体阳性的血清中，红细胞在"纽扣"中沉淀，而在没有特异性病毒抗体的血清样本中，红细胞形成一个"垫子"。根据要检测的病毒，在血凝抑制试验中使用标准数量的 HAU（4 ~ 8 HAU）。如果红细胞首先被可溶性病毒抗原包被，则包被的红细胞可用于被动血凝试验，以测量病毒抗原（通过与包被在红细胞上的抗原竞争）或作为可溶性抗原的抗体。

（三）免疫荧光试验

免疫荧光技术是在免疫学、生物化学和显微镜技术的基础上建立起来的一项技术。它是根据抗原抗体反应的原理，先将已知的抗原或抗体标记上荧光基团，再用这种荧光抗体（或抗原）作为探针检查细胞或组织内的相应抗原（或抗体）。利用荧光显微镜可以看见荧光所在的细胞或组织，从而确定抗原或抗体的性质和定位，以及利用定量技术（比如流式细胞仪）测定含量。直接免疫荧光法（Direct fluorescent antibody test，DFAT）将标记的特异性荧光抗体，直接加在抗原标本上，经一定的温度和时间的染色，用水洗去未参加反应的多余荧光抗体，室温下干燥后封片、镜检。间接免疫荧光法（Indirect fluorescent antibody test，IFAT）如检查未知抗原，先用已知未标记的特异抗体（第一抗体）与抗原标本进行反应，用水洗去未反应的抗体，再用标记的抗体（第二抗体）与特异抗体反应，使之形成抗原—特异抗体—标记抗体复合物，再用水洗去未反应的标记抗体，干燥、封片后镜检。如果检查未知抗体，则表明抗原标本是已知的，待检血清为第一抗体，其他步骤的抗原检查相同。

细胞培养中 IHNV 的检测和鉴定常用 IFAT 法。在用福尔马林进行细胞固定后，添加未标记的抗 IHNV 一抗（单克隆抗 IHNV 核蛋白或糖蛋白），然后添加 FITC 标记的二抗。出现病变的细胞可在 24 h 内检测到 IHNV，并且检测到最低病毒滴度为 102.9 pfu/mL。直接荧光抗体实验和间接荧光抗体实验检测同一细胞样本时具有相同的敏感性，但直接荧光抗体实验所用时间更短。免疫荧光检测的缺点是需要经过培训的人员，且荧光显微镜相当昂贵。使用 IFAT 或 DFAT 直接检测病鱼组织中的 IHNV，可将原先的检测时间从几天缩短到几小时。IFAT 在临床感染 IHNV 病鱼的血液涂片中可检测到 IHNV，但在精液涂片中检测不到病毒。

（四）酶联免疫吸附试验（ELISA）

ELISA 技术基于抗体分子可以与酶共价连接以形成一种既保留免疫功能又保留酶功能的结合物的原理，此试验最常使用碱性磷酸酶（AP）、根过氧化物酶（HRP）或 β-半乳糖苷酶结合抗体，当与适当的无色显色底物（碱性磷酸酶用对硝基苯基磷酸酯，过氧化物酶用邻苯二胺，β-半乳糖苷酶用乳糖）反应后产生明显颜色的化合物，是一个非常敏感的检测系统。抗体-酶结合物可以通过如图 7-2 所示步骤结合到临床样本中的特定病毒抗原和特定病毒抗体上，并允许与底物反应以产生可通过视觉评估的颜色（如用于病毒感染现场检测的试剂盒中的颜色），或通过测量具有更高灵敏度的 OD 值来评估。用于抗原检测的 ELISA 称为直接 ELISA，如果固相首先被抗体包裹以将抗原固定在试验样品中，则称为夹心 ELISA。而用于抗体检测的 ELISA 称为间接 ELISA。颜色反应的强度通常与病毒抗原的量（当检测抗原时）或抗体的量（当检测抗体时）成正比，但前带效应除外。前带效应是指由于封闭抗体的存在而导致抗体过量（即在浓缩血清中）的阴性结果。稀释血清检测结果为阳性。连续稀释血清可避免前带效应误差。在间接 ELISA（用于检测病毒特异性抗体）中，病毒抗原首先被吸附到固相上。

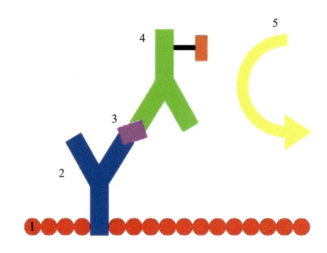

1. 封闭溶液；2. 一抗；3. 抗原；4. 二抗（抗体-酶结合物）；5. 显色剂

图7-2　抗体-酶结合物结合到临床样本中的步骤示意

与 ELISA 一样，免疫印迹（Dot blot，DB）和蛋白质印迹（Western blot，WB）的检测原理都是利用抗原或抗体与固体载体的结合，然后直接用标记的抗 IHNV 抗体或间接用标记的二级抗体检测病毒蛋白。这些分析方法简单，通常是特异性的，并且可以定量。当接种病样的细胞开始出现病变，就可以检测 IHNV 病毒。但是不推荐直接从病鱼组织中通过免疫学方法检测 IHNV。

接种 IHNV 的细胞可通过夹心 ELISA 进行检测。用于检测 IHNV 抗原的包被抗体是兔抗 IHNV 蛋白的多克隆抗体或鼠抗 IHNV 蛋白单克隆抗体，两者识别 IHNV 的 N 蛋白表位不同，整个分析过程大约需要 22 h。IHNV 的 ELISA 检测的最低滴度为 10^3 pfu/mL，但通常滴度需要达到 10^6 pfu/mL。

免疫印迹法是 ELISA 技术的一种变体，可作为另一种 IHNV 检测方法。抗原并不与底板结合，而是直接与硝化纤维或尼龙膜结合，用标记的一抗或间接用标记的二抗检测。免疫印迹法比 ELISA 更快，完成时间不到 4 h，灵敏度可达 $10^3 \sim 10^6$ pfu/mL，与 ELISA 相当。但是由于滤纸的堵塞和交叉反应，免疫印迹法无法检测病鱼组织中的 IHNV。

Western blot 在诊断实验室中并不常用，但对于 IHNV 分离株的分型和比较以及分析其他特异性是有用的。病毒在细胞培养中生长，细胞和病毒蛋白通过 SDS PAGE 分离，蛋白质转移到膜上。特异性 IHNV 蛋白直接用标记的抗 IHNV 抗体检测，间接用标记的二级抗体检测。在细胞培养后，剩余的步骤需要大约 8 h。

葡萄球菌协同凝集试验可以检测和识别在细胞培养或受感染的鱼组织中生长的特定 IHNV。这个简单的测试只需 15 min，使之成为诊断 IHNV 最快速的方法之一。对于在细胞培养中生长的病毒，该试验对 IHNV 有特异性，但由于需要病毒滴度达到 10^6 pfu/mL，该试验不太敏感。该试验的优点是当病毒滴度大于 10^6 pfu/mL 时，它可直接从组织匀浆中鉴定出 IHNV，适合现场使用。

四、病原分离培养

（一）样本处理保存

准备无菌解剖盘、无菌解剖工具、无菌湿抹布、酒精灯、酒精棉球、无菌自封袋、无菌 EP 管、记号笔、冰袋。在无菌条件下操作，将一尾虹鳟放在无菌湿抹布上，用点燃的酒精棉球在鱼体表面进行高温消毒杀菌。用无菌手术剪和镊子分别采集虹鳟内脏组织（肝脏、脾脏、肾脏），剔除脏器上的脂肪。按照每尾虹鳟不同组织分别装入不同自封袋中或 EP 管中，整个采集过程在冰袋上进行，并做好标记，放于 −80℃中保存。

（二）病毒悬液制备

取 −80℃保存的虹鳟的肝脏、肾脏、脾脏组织称重，剪碎，将无菌生理盐水溶液（1∶10 的比例）用玻璃匀浆器在冰上匀浆：在 4℃时，以 4 000 r/min 离心 30 min，取上清液 0.22 μm 滤膜过滤除菌，收集上清备用。取制备好的组织匀浆 100 μL 接种 10 mL 脑心肉汤，28℃震荡培养 48 h，检测有无细菌生长。若有细菌生长，则需再次用 0.22 μm 孔径的滤膜过滤，并适当添加青霉素、链霉素；若无细菌生长，则将病毒悬液保存，用于下一步试验。

（三）动物接种

将健康虹鳟分为 2 组（体质量约 200 g），每组 30 尾，实验室暂养一周。试验组每尾腹腔注射 0.2 mL 的病毒悬液，对照组每尾腹腔注射 0.2 mL 的无菌平衡盐溶液（Hanks balanced salt solution，HBSS）。实验期间水温控制在（13±2）℃且不投食，连续观察 2 周，观察虹鳟的症状和发病死亡情况并记录，收集死亡虹鳟的内脏组织于 −80℃保存，后续进行 RT-PCR 检测。

（四）细胞培养

1. 组织悬液的制备

取 −80℃保存的虹鳟的肝脏、肾脏组织，剪碎后按照 1∶10 加入灭菌的磷酸缓冲盐溶液（Phosphate buffer saline，PBS），用匀浆器在冰上研磨匀浆，制备成悬液。将悬液在 4℃，以 10 000 r/min 离心 30 min，取上清液经 0.22 μm 滤膜过滤，取过滤后的组织上清，反复冻融三次后，置于 −20℃保存备用。

2. 胖头鲹肌肉细胞传代培养

当培养的细胞铺满整个细胞培养瓶底层后，吸弃旧培养液，10 mL PBS 润洗三次，取 2 ~ 3 滴 0.25% 胰酶消化，轻轻摇晃，直至显微镜下观察到细胞脱落分离，立刻加入 12 mL 细胞生长液（DMEM + 10% 胎牛血清（Fetal Bovine Serum，FBS）+ 100 IU/mL 双抗）终止消化，用移液枪轻轻吹打分散成单个细胞。将细胞悬液按照 1∶4 进行传代，每个培养瓶加入 5 mL（DMEM + 10%FBS + 100 IU/ml 双抗）生长液，置于细胞培养箱中，在 15℃条件下加入 5% CO_2 培养，一般 2 ~ 3 d 细胞可以铺满细胞瓶底部，期间不用换液。

3.组织悬液接种到 FHM 细胞单层

取组织悬液接种于胖头鳋肌肉细胞（FHM），于 15℃吸附 1h 后弃病毒液，加入含 2% 小牛血清和 100 IU/mL 双抗的 DMEM 营养维持液于 15℃培养，每隔 24 h 更换新细胞维持液继续培养。待约 80% 以上细胞出现病变（Cytopathic effect，CPE）后，收获病毒悬液并于 −80℃保存备用，后续进行 RT-PCR 检测。

4.显微镜观察接种 IHNV 不同时间的 FHM 形态

对照组 FHM 细胞生长致密且无明显空斑出现（图 7-3），病鱼组织匀浆滤菌后感染 FHM 细胞，细胞感染后 3 d 开始出现空斑（图 7-4），细胞感染 5 d 细胞病变更为显著（图 7-5），且大量细胞浮离细胞板。

图7-3　正常FHM细胞形态

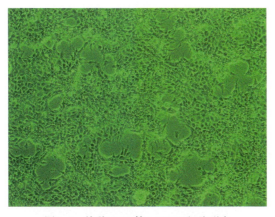

图7-4　接种IHNV第3 d FHM细胞形态

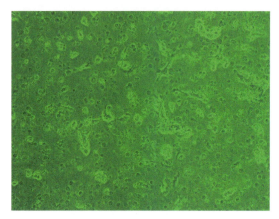

图7-5　接种IHNV第5 d FHM细胞形态

（五）培养病毒的鉴定

1.病毒引物的合成

参照 Williams 合成检测 IHNV 的引物：上游引物 5′- GTTCAACTTCAA CGCCAACAGG-3′，下游引物 5′- TGAAGTACCCCACCCCGAGCATCC-3′，预期扩增片段大小为 371 bp。

2.病毒 RNA 提取

需要提取动物培养和细胞培养的病毒 RNA，参照 TRIzol 试剂盒说明书快速提取 RNA。

（1）液氮研磨：将动物培养感染后的虹鳟组织块直接放入研钵中，加入少量液氮，迅速研磨，待组织变软，再加少量液氮，再研磨，如此三次，按 50 ～ 100 mg/mL Trizol 加入适量 Trizol，转入离心管进行第（4）步操作。

（2）匀浆：组织样品按 50 ～ 100 mg/mL Trizol 加入适量 Trizol。另外，组织体积不能超过 Trizol 体积的 10%，否则匀浆效果会不好，用玻璃匀浆器充分匀浆 2 ～ 3 min。

（3）细胞培养的病毒：由于 FHM 为贴壁细胞，不须消化，可直接用 Trizol 进行消化、裂解，Trizol 体积按 1mL /10 cm^2 比例加入。

（4）细胞或组织加 Trizol 后，室温放置 5 min，使其充分裂解。

（5）12 000 r/min 离心 5 min，将上清移入新离心管中，弃沉淀。

（6）按 200 μL 氯仿 / mL Trizol 加入适量氯仿，振荡混匀后室温放置 15 min。

（7）4℃时，12 000 g 离心 15 min。

（8）吸取上层水相，至另一离心管中。不要吸取中间界面，提 RNA 弃下层酚相。

（9）加入等体积的异丙醇混匀，静置 5 ~ 10 min。

（10）4℃时，12 000 g 离心 10 min，弃上清，RNA 沉于管底。

（11）沿管壁加入 4℃预冷的 75% 乙醇 1 mL，温和震荡离心管，悬浮沉淀。

（12）4℃时，8 000 g 离心 5 min，弃上清。

（13）室温干燥 5 min。

（14）用 20 μL RNAiso-free DEPC 水溶解 RNA 样品。

（15）测 OD 值定量 RNA 浓度。RNA A260/A280 值为 1.6 ~ 1.8。

3. cDNA 的合成

将提取的总 RNA 参照 cDNA 反转录试剂盒说明书反转录合成 cDNA，反转录体系如表 7-1，将提取的总 RNA 在 37℃条件下反应 15 min，RNA 被逆转录为 cDNA，然后在 85℃条件下反应 5 s，合成双链 cDNA。

表 7-1　反转录反应体系

成分	体积（μL）
5 × PrimerScrip Buffer	2
PrimerScrip RT Enzymemix	0.5
Oligo Dt Primer	0.5
Random 6 mers	2
RNA Free dH$_2$O	2
RNA	3
Total	10

4. RT-PCR 扩增及扩增产物鉴定

将反转录得到的 cDNA 进行扩增，PCR 扩增总反应体系：12.5 μL Mix-reaction buffer，上下游引物各 0.5 μL（10 μmol/L），加入 cDNA 模板 2 μL（10 ng/μL），9.5 μL dd H$_2$O。PCR 扩增条件：94℃预变性 4 mim；94℃变性 1 min，55℃退火 1 min，72℃延伸 1 min，30 个循环；最后充分延伸，在 72℃下维持 10 min。1% 琼脂糖凝胶电泳检测 PCR 扩增产物大小。PCR 产物经 DNA 纯化试剂盒纯化后进行测序。测序结果在 GenBank 进行 BLAST 比对。

第八章 传染性造血器官坏死病的防控

病毒性疫病的防控主要是围绕根除和控制展开。根除是在某一个国家或者地区完全消灭病毒；控制是在有病毒存在的情况下，通过多种手段使疫情处于可控范围，将造成的经济损失降到最低。根据各国国情和经济实力的不同，动物疫病防治措施也不尽相同。

第一节 传染性造血器官坏死病的防控规定

一、防疫规定

IHN 是一种严重危害鲑鳟鱼等冷水性鱼类的病毒，对世界鲑鱼的养殖业造成了巨大的经济损失。世界动物卫生组织将其列为必须申报的动物疫病，是鱼类口岸第 1 类检疫对象。

《中华人民共和国动物防疫法》（2021 年 5 月，以下简称《动物防疫法》）中指出二类疫病，是指对人、动物构成严重危害，可能造成较大经济损失和社会影响，需要采取严格预防、控制等措施的。根据规定从事动物饲养、屠宰、经营、隔离、运输以及动物产品生产、经营、加工、贮藏等活动的单位和个人，依照《动物防疫法》和国务院农业农村主管部门的规定，做好免疫、消毒、检测、隔离、净化、消灭、无害化处理等动物防疫工作，承担动物防疫相关责任。发生二类动物疫病时，从事动物疫病监测、检测、检验检疫、研究、诊疗以及动物饲养、屠宰、经营、隔离、运输等活动的单位和个人，发现动物染疫或者疑似染疫的，应当立即向所在地农业农村主管部门或者动物疫病预防控制机构报告，并迅速采取隔离等控制措施，防止动物疫情扩散。其他单位和个人发现动物染疫或者疑似染疫的，应当及时报告，并应当采取下列控制措施：一是所在地县级以上地方人民政府农业农村主管部门应当划定疫点、疫区、受威胁区；二是县级以上地方人民政府根据需要组织有关部门和单位采取隔离、扑杀、销毁、消毒、无害化处理、紧急免疫接种、限制易感染的动物和动物产品及有关物品出入等措施。

此外，由于虹鳟养殖产业涉及发眼卵、鱼苗及商品鱼的转运销售情况，根据规定屠宰、经营、运输的动物，以及用于科研、展示、演出和比赛等非食用性利用的动物，应当附有检疫证明；经营和运输的动物产品，应当附有检疫证明、检疫标志。经航空、铁路、道路、水路运输动物和动物产品的，托运人托运时应当提供检疫证明；没有检疫证明的，承运人不得承运。进出口动物和动物产品，承运人凭进口报关单证或者海关签发的检疫单证运递。从事动物运输的单位、个人以及车辆，应当向所在地县级人民政府农业农村主管部门备案，妥善保存行程路线和托运人提供的动物名称、检疫证明编号、数量等信息。具体办法由国务院农业农村主管部门制定。运载工具在装载前和卸载后应当及时清洗、消毒。

当出现疫情时，病死动物和病害动物产品需进行无害化处理，从事动物饲养、屠宰、经营、隔离以及动物产品生产、经营、加工、贮藏等活动的单位和个人，应当按照国家有关规定做好病死动物、病害动物产品的无害化处理，或者委托动物和动物产品无害化处理场所处理。从事动物、动物产品运输的单位和个人，应当配合做好病死动物和病害动物产品的无害化处理，不得在途中擅自弃置和处理有关动物和动物产品。任何单位和个人不得买卖、加工、随意弃置病死动物和病害动物产品。动物和动物产品无害化处理管理办法由国务院农业农村、野生动物保护主管部门按照职责制定。

同时，《动物防疫法》指出国家实行动物疫病监测和疫情预警制度，国务院农业农村主管部门会同国务院有关部门制定国家动物疫病监测计划。省、自治区、直辖市人民政府农业农村主管部门根据国家动物疫病监测计划，制定本行政区域的动物疫病监测计划。国务院农业农村主管部门和省、自治区、直辖市人民政府农业农村主管部门根据对动物疫病发生、流行趋势的预测，及时发出动物疫情预警。地方各级人民政府接到动物疫情预警后，应当及时采取预防、控制措施。从2014年起农业部每年都将IHN纳入《国家水生动物疫情监测计划》名单，列为重点专项监测疫病之一。

二、检测标准

检测IHNV及其带毒鱼的标准方法为：通过细胞体外培养分离出IHNV，并采用IFA、ELISA或RT-PCR方法进行鉴定，这也是WOAH推荐的方法。目前，我国对IHNV的检测方法是通过细胞查毒后，对怀疑为阳性的样品进行RT-PCR确认，这一方法具有较高的灵敏度但易出现假阳性。

WOAH 发布的《水生动物疾病诊断手册》中推荐通过临床症状诊断、病毒分离、RT-PCR、间接免疫荧光、ELISA、中和试验、组织病理切片、电子显微镜对 IHN 进行检测。其中，病毒分离结合 RT-PCR 方法是检测 IHN 的"黄金标准"。《传染性造血器官坏死病诊断规程》（GB 15805.2—2017）规定了 IHNV 经细胞培养后通过逆转录酶聚合链式反应、酶联免疫吸附试验和间接免疫荧光抗体试验鉴定的方法，适用于 IHN 的流行病学调查、诊断和疫情监测。相比之下，WOAH《水生动物疾病诊断手册》有待进一步完善，该手册并未规定检测 IHN 的实时荧光 RT-PCR 方法和环介导等温扩增技术（LAMP），但是，已有多个国际实验室建立了相应方法，相信不久将会列入 WOAH《水生动物疾病诊断手册》。

除上述诊断手册和标准外，农业部还发布了《传染性造血器官坏死病毒转录环介导等温扩增（RT-LAMP）检测方法》（SC/T 7227—2017），国家质量监督检验检疫总局发布了《传染性造血器官坏死病检疫技术规范》（SN/T 1474—2014）。地方标准中目前仅查询到吉林省市场监督管理厅发布了《传染性造血器官坏死病防控技术规范》（DB22/T 2894—2018），以及成都市市场监督管理局发布了《鲑科鱼类传染性造血器官坏死病毒逆转录 - 聚合酶链式反应检测方法》（DB 5101/T 52—2019）。

第二节　疫苗及其免疫途径

目前，大多数水生动物病毒感染缺乏特效药物治疗，因此进行人工免疫是预防病毒感染最有效的手段，常采用浸泡（图 8-1）或注射的方式进行。疫苗是指用各类病原微生物制作的用于预防接种的生物制品。目前，药物治疗对 IHN 的预防效果并不十分理想，因此制备高效的 IHN 疫苗是防御 IHNV 的重要手段之一。学者们正在积极研发针对 IHNV 的各种常规疫苗，如 DNA 疫苗、灭活疫苗、亚单位疫苗和减毒活疫苗。这些 IHNV 疫苗尚处于实验研究阶段，表现出的免疫功效也大不相同，大部分未获得商业上的生产许可。但是，相关研究工作仍在继续。IHNV 具有遗传稳定的特点，这对以免疫接种的方式来控制该病毒是有利的，它可以预防病毒性鱼病。G 蛋白是 IHNV 的主要抗原部分，具有良好的免疫原性，是制备高效疫苗的理想抗原基因，所以构建 DNA 疫苗过程中常选用 g 基因作为抗原基因。

我们通过疫苗的制备途径和免疫途径，总结了近年来一些国内外学者的研究情况。

图8-1　疫苗浸泡

一、制备途径划分

（一）基因疫苗

基因疫苗又称 DNA 疫苗，即将编码外源性抗原的基因插入到真核表达系统的质粒上，然后将质粒直接导入受试者体内，让其在宿主细胞中表达抗原蛋白，诱导机体产生免疫应答的疫苗（图 8-2）。

DNA 疫苗是研究最彻底的 IHNV 疫苗。2005 年 7 月，加拿大诺瓦蒂斯动物保健公司（Novartis Animal Health Canada Inc.）率先研发了用于预防鱼类 IHN 的 DNA 疫苗 APEX-IHN，该疫苗已获得加拿大食品检验局（Canadian Food Inspection Agency，CFIA）的审批。通过肌肉注射 APEX-IHN 可以帮助虹鳟和大西洋鲑有效抵抗 IHNV 感染。大量实验还证实了类似 DNA 疫苗的功效，并在疫苗剂量、保护时间、交叉保护、给药途径和疫苗安全性上进行了深入研究。

IHNV 核酸疫苗必需编码 g 基因才能有效诱发虹鳟苗的免疫保护，促进中和抗体的生成。在 1 ~ 2 g 规格的虹鳟苗中，APEX-IHN 的标准使用剂量为 0.1 mg/ 尾，可以针对不同地域的 IHNV 分离株产生免疫保护，表明 APEX-IHN 可以在全球范围内使用。规格较大的鱼则需要相对较高剂量的疫苗才能产生保护作用，肌肉注射剂量大概为 10 ng/g 体质量。APEX-IHN 可以快速诱导先天免疫反应，并长期介导特异性免疫反应。免疫后的 3 个月内，相对免疫保护率（Relative percent survival，RPS）大于 90%，随后保护效率开始降低，但在接种后的 2 年内里仍然具有相对较高的防护水平（RPS > 60%）。APEX-IHN 可以保护多种鲑鱼物种，包括大西洋鲑、虹鳟、奇努克鲑、红鲑和科卡尼鲑（Oncorhynchus nerka）等。

DNA 疫苗目前的免疫方式是肌肉注射，因此在幼鱼的大规模免疫中不是很实用。相较于肌肉注射，DNA 疫苗的腹腔注射通常只能获得部分免疫保护。而其他免疫途径，如皮肤穿刺、口服和浸泡等，都无法产生有效的免疫保护。因此，迫切需要一种经济有效的方法来进行大规模免疫。随着技术的不断改善，IHNV 的 DNA 疫苗有望通过投喂方式来免疫鱼类。

APEX-IHN 在加拿大商业化后，加拿大仪器检验局（2005）文件提供了有关 APEX-IHN 重组质粒的详细信息，并进行了人畜安全和环境评估，确认了该产品的安全性。研究显示，APEX-IHN 疫苗在接种后的 90 d 甚至 2 年内，不会在组织中引起任何疫苗特异性的病理变化。然而，鱼类 DNA 疫苗接种目前还是一项相对较新的技术，因此还存在许多不确定性。例如，APEX-IHN 的质粒主链上含有一个巨细胞病毒（Cytomegalovirus，CMV）立即早期启动子，该启动子源自人类病源性病毒。DNA 疫苗免疫后可在鱼体组织残留很长时间，并且会分散到其他组织中，虽然目前还无法证明 DNA 疫苗会对消费者造成危害，但仍有一定的安全隐患。因此，部分监管机构仍然认为此类疫苗"不安全"。而且如何正确区分 DNA 疫苗接种鱼与转基因生物（Genetically modified organisms，GMOs）尚不够明确。接种了 DNA 疫苗的鱼很可能被标记为转基因生物。尽管 APEX-IHN 已在加拿大获得生产许可，并且解决了许多安全和环境上的问题，但仍没有在全球范围普及使用。APEX-IHN 想要获得其他国家 / 地区的使用许可，还需要克服一些法律法规和公众认知问题。

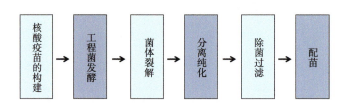

图8-2　核酸疫苗制备工艺

（二）灭活疫苗

灭活疫苗是将病原微生物（包括细菌、病毒和立克次体等）及其代谢产物用物理或化学的方法使其灭活，丧失毒力，但仍保留其免疫原性而制成的疫苗。灭活疫苗的稳定性好，容易保存。灭活疫苗接种后主要产生以体液免疫为主的免疫反应（图8-3）。

目前研究显示，IHNV 灭活疫苗对虹鳟具有很好的免疫保护作用。最有效的 IHNV 灭活苗是由 β-丙内酯（BPL）灭活的 IHNV 全病毒，可以诱导短期（7 d）和长期的（56 d）免疫保护。甲醛（福尔马林）作为一种常见的灭活剂，产生的 IHNV 灭活苗功效不及 BPL 稳定。热灭活的 IHNV 全病毒则无法诱导免疫保护。二元乙炔亚胺（BEI）灭活的 IHNV 全病毒只有同矿物油佐剂乳化后才能诱导有限的免疫保护（RPS <38%）。

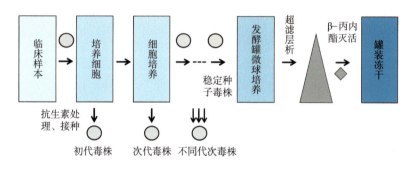

图8-3　灭活疫苗制备工艺

（三）亚单位疫苗

传统亚单位疫苗是指通过化学分解或有控制性的蛋白质水解方法，提取并筛选病毒具有免疫活性的特殊蛋白质结构制成的疫苗。亚单位疫苗作为基因工程疫苗的分支，可借助大肠杆菌、杆状病毒、毕赤酵母为载体，实现规模化生产，因此成为越来越多研究者关注的焦点。相对全病毒疫苗来讲，亚单位疫苗具有安全性更高、稳定性更好的优势。而且，亚单位疫苗免疫具有持久性，不仅可以产生体液免疫应答，还可以诱导细胞免疫反应。

在 IHNV 重组亚单位疫苗的研究中，由昆虫杆状病毒表达系统产生的重组 IHNV-G 蛋白疫苗未对虹鳟产生明显的保护作用，推测可能是由于中和抗体产量有限所致。同样，另一种重组亚单位疫苗，是将 IHNV-G 蛋白的 184 个可溶性氨基酸序列作为抗原，并以不同的排列方式融合到新月形杆菌 S 层蛋白上，但该重组亚单位疫苗仅产生了非常有限的免疫保护（RPS <35%）。使用 pET-32a（+）载体在大肠杆菌 BL21 细胞中表达的可溶性非糖基化 IHNV-G 蛋白亚单位疫苗，可以有效刺激虹鳟的早期先天免疫反应。虽然该疫苗具有一定的研究前景，但还需要开发腹腔注射以外的给药途径，并评估其长期免疫保护作用。

（四）减毒活疫苗

减毒活疫苗是将病原微生物（细菌 / 病毒）在人工条件下使其丧失致病性，但仍保留其繁衍能力和免疫原性，以此制成的疫苗。将其接种到身体内，不会引起疾病的发生，但病原体可以引发机体免疫反应，刺激机体产生特异性的记忆 B 细胞和记忆 T 细胞。起到获得长期或终生保护的作用。与灭活疫苗（死疫苗）相比，这类疫苗免疫力强，作用时间长，但安全是一个问题，具有潜在的致病危险（有可能因发生逆行突变而在体内恢复毒力）。

IHNV 减毒活疫苗的研究目前也处于试验阶段。利用反向遗传学缺失 IHNV 的 nv 基因，病毒毒力由此出现了不可逆转的减弱。将该缺失株通过注射或浸泡方式免疫虹鳟后，诱导了很高的免疫保护作用。在进一步的研究中，通过采用绿色荧光蛋白（Green fluorescent protein，GFP）基因替换 IHNV 的 nv 基因，或 VHSV 的 g 基因替换 IHNV 的 g 基因的方法分别构建了两种重组 IHNV 减毒苗，命名为 rIHNV-*GFP* 和 rIHNV-*Gvhsv*。rIHNV-*GFP* 和 rIHNV-*Gvhsv* 诱导了虹鳟的免疫保护，其中针对 IHNV 产生的 RPS 分别为 70% 和 62%，而针对 VHSV 的 RPS 分别为 49% 和 61%。然而，两种疫苗在 10 周内都没有引发最小的抗体反应，在早期（1 ~ 3 d）也没有检测到 I 型干扰素基因及其诱导基因（Mx，ISG15）的表达。免疫后第 3 d，RT-PCR 仍检测不到重组病毒的复制。因此，由于该类疫苗的保护机制尚不清楚，还需要进一步研究。

（五）活载体疫苗

李守湖等（2017）建立了 IHNV 的快速分离、鉴定方法，克隆了 IHNV g 基因，以腺病毒作为外源靶基因转移载体，通过构建表达 IHNV G 蛋白的复制缺陷型重组腺病毒，并进行动物免疫试验，以及对 IHN 活载体疫苗的安全性试验，最佳使用剂量的确定试验、效力试验、免疫持续期和保存期试验，证实活载体疫苗安全有效，对 IHNV 的攻击有良好的保护力。该活载体疫苗通过浸泡的方式进行免疫，使用方法简单。该研究通过对 IHNV 的分子诊断及其免疫研究进行深入探索，为 IHN 的活载体疫苗的研制提供了理论依据和技术储备。

对于 IHNV，目前还没有特效的预防药物，制备高效的疫苗是预防 IHNV 的有效措施。其首要任务就是提高疫苗的安全性以及公众对疫苗潜力的广泛认可。尽管这些疫苗的研发都获得了令人满意的结果，但后期还需要在成本、可行性、安全性和监管等问题上有新突破，尤其需要开发腹腔注射以外的给药途径，将疫苗生产扩展到商业化水平。

二、免疫途径

（一）佐剂和递送载体

疫苗是一种安全高效的预防疾病的生物制品。但有时疫苗效果不如预期，佐剂是一种能改善疫苗的适应性和保护性反应的物质，其本身不具有抗原性质。佐剂促进免疫应答的早期发作，调节适应性和非特异性免疫，并改善黏膜表面对抗原的吸收，以诱导延长免疫力，因此需要使用佐剂来优化这些疫苗的效果。佐剂包括油包水型乳剂、细胞微生物组分和植物提取物等。研究证明，佐剂与疫苗结合确实能产生高效疫苗，而且佐剂已经在渔用疫苗中使用了很长时间。

纳米技术的递送载体已在疫苗开发中广泛应用，纳米颗粒载体具有佐剂效果的解释是，1 ~ 100 nm 的纳米颗粒，可以传递到淋巴结，它们可以很容易地被树突状细胞内化并在疫苗接种部位保留很长的时间。纳米颗粒极小的尺寸和大的比表面积使它们易于通过大多数生物膜而不会引起变形，有助于疫苗有效吸收。因此，纳米级递送载体在鱼类疫苗中的应用越来越受到重视，不同的免疫途径与合适的纳米颗粒组合能有效地提高疫苗的免疫效果。有研究发现，纳米疫苗的新制剂能有效地和选择性地将抗原递送至合适的位点，为抗原提供稳定性并可以充当载体。此外，有报道递送载体能够改善抗原对鳃组织、皮肤和肠道的吸附，并促进它们在淋巴组织中的保留和缓释。例如，单壁碳纳米管就是优良的纳米级载体，因为碳纳米管具有突破皮肤屏障的能力，可以高效地将疫苗运输到鱼体内，并在鱼体中将疫苗释放引起免疫反应。

（二）注射疫苗

注射疫苗是一种迄今为止对抗疾病十分有效的接种方法，因为注射免疫可以有效刺激机体产生相应抗体，能准确控制抗原的用量并对机体产生较高的免疫保护，具有用量少、抗体滴度高并具有持久的免疫作用的特点。根据注射接种部位的不同可分为皮下注射、肌肉注射和腹腔（胸腔）注射3种，其中腹腔（胸腔）注射接种是疫苗接种的最常用方法。几乎任何种类的疫苗都可以通过注射途径引起机体的免疫应答并对机体产生保护作用。甚至亚单位疫苗、DNA疫苗等都可以通过注射直接免疫鱼体。在注射疫苗中添加佐剂能增强免疫效果，但是早期的佐剂会产生副作用，对鱼体造成伤害，新型佐剂则更安全、更高效。现在，越来越多以纳米级颗粒为主的递送系统应用到疫苗中，它们为注射疫苗开拓了更广阔的前景。

然而，人工给大量的鱼注射疫苗是费力、高成本的劳动，还会造成鱼的应激反应，幼鱼也因体型太小而无法通过注射接种疫苗。研究人员想到利用机械注射能降低注射免疫的难度，仪器自动注射相对于人工注射效率高，鱼体的应激反应更小，更有利于鱼体的健康。但是，仪器设备成本高，对鱼的体型也有要求，较难推广使用，因此国内至今没有普及商业化的鱼类疫苗自动注射设备。

（三）浸泡（喷雾）疫苗

浸泡（喷雾）免疫也是一种有效的疫苗接种方法。将鱼浸入含有疫苗的水中时（或将鱼置于湿润环境中，保持鳃湿润，用压力为 0 ~ 97 kPa 的液体喷雾装置，与鱼体相距 20 ~ 25 cm，对鱼体均匀喷雾抗原 5 ~ 10 s），环境中悬浮的抗原可以被皮肤和鳃等吸收。皮肤和鳃上皮中的功能细胞将被激活，抗原呈递细胞（巨噬细胞）吸收抗原并将其运输到专门的组织中，在该组织中形成全身性免疫应答，并保护鱼类免受病原体侵害。浸泡免疫既可以诱导鱼类黏膜免疫，也可以诱导系统免疫，其理论基础是鱼类皮肤、鳃黏膜组织具有抗原摄入及特异性免疫应答等免疫学功能。浸泡疫苗的优势是对鱼体造成机械损伤及应激性刺激都较小、便于群体免疫、劳动强度小、耗时短等，可以对养殖的鱼进行大面积的接种，但通过鳃和皮肤吸收抗原的效率有限，因此该方法的效力低下。为了提高浸泡免疫效果，有时候采用高渗透浸泡、超声波浸泡等方法。

浸泡免疫的缺点为对鱼体的免疫保护率低于注射免疫且不稳定，浸泡环境条件对疫苗效果影响大以及浸泡免疫需要的疫苗量较大，对于制备方法复杂、成本高的疫苗不适用。由于鱼类黏膜免疫系统对浸泡免疫应答的机理还不甚清楚，导致没有形成适合鱼类黏膜系统的科学系统的浸泡接种方法，现行的方法中尚存在许多薄弱环节，如浸泡疫苗种类确定、浸泡免疫助剂的选用、浸泡免疫环境条件的优化及浸泡疫苗制备工艺的研究等。

目前，在免疫学研究和疫苗应用过程中，通过浸泡方法进行免疫接种的主要疫苗类型包括细菌灭活疫苗、DNA 疫苗、亚单位疫苗等，不同种类的疫苗浸泡免疫时需要采用适当的浸泡方法、浸泡助剂和环境条件，才能获得理想的免疫效果。首先，全菌疫苗具有一定的浸泡免疫效果，虽然浸泡免疫后鱼体血清抗体水平增加不明显，与对照物差异不显著，然而黏液抗体则显著增加，免疫鱼可以获得一定的免疫保护率。其次，DNA 疫苗的浸泡免疫效果较好，但是疫苗必须通过适当的免疫助剂的处理，以提高疫苗摄入及在鱼体内的表达。研究表明，采用阳离子脂质体（Cationic liposomes）包埋疫苗后浸泡鱼体以及浸泡过程中超声波处理的方法都可以提高 DNA 疫苗的免疫效果。然而，不适当的 DNA 疫苗处理方法则不能获得理想的浸泡免疫效果。

（四）口服疫苗

口服疫苗已成为鱼类疫苗接种的理想方法。口服免疫是将抗原和饲料混合，通过投料或者口饲管插管，将疫苗通过主动摄食的方式引入鱼体。口服疫苗在给药途径上具有很大优势，可以避免鱼的应激反应、便于群体免疫、省时省力，由于是体内接种，还克服了浸泡免疫需要疫苗量大及环境条件对疫苗的影响，而且能通过黏膜接触引起免疫反应，从而产生更好的免疫效果。但是，在口服疫苗的使用中，由于小肠中存在许多蛋白酶和其他酶，因此在细胞摄取抗原之前，剧烈的消化或失活常常阻碍了抗原的成功递送。

因此，如果欲将高效疫苗送达后肠，就必须采用适合的材料如饵料原料物质和脂质体等对疫苗进行复杂包被处理，使疫苗在后肠释放，同时又要制备成适合鱼口味的口服疫苗，这已经成为口服免疫接种技术应用的关键技术，也是制约因素之一。目前，已经应用的口服疫苗多为全菌和病毒灭活疫苗，经过包被处理后进行口服免疫可以获得很好的免疫效果，免疫鱼血清特异性抗体水平明显增加，同时，肠黏液、胆汁及体表黏液抗体也呈增加趋势，并且免疫鱼可以获得明显高于对照鱼的免疫保护率。一般情况下，口服免疫后，鱼体黏膜系统免疫应答高于浸泡免疫和注射免疫，系统免疫应答低于注射免疫，鱼体获得的免疫保护率低于注射免疫而高于浸泡免疫。

（五）后肠灌注疫苗

后肠灌注又叫肛门灌注，是指将疫苗通过肛门直接灌注到鱼体后肠的疫苗接种方式。肛门灌注也是由消化道黏膜组织摄入抗原，可以同时诱导黏膜和系统特异性免疫应答，是免疫应答机理比较清楚的免疫途径。后肠灌注免疫接种可以将未经包被的疫苗直接送到鱼肠道的疫苗主要摄入区，避免了疫苗前处理工作，同时具有对鱼体造成机械损伤轻微及环境条件对疫苗影响小的优点，但是，其类似注射免疫，需要对每个免疫对象进行操作，劳动强度大、耗时长，不适于大样本的群体免疫。

第三节 非特异性免疫因子

一、干扰素

干扰素（Interferon，IFN）是动物细胞在受到某些病毒感染后分泌的一种宿主特异性糖蛋白。IFN 是一种广谱抗病毒细胞因子，但不能直接杀伤或抑制病毒，而是通过与周围未感染细胞表面受体作用，使细胞产生抗病毒蛋白，从而抑制病毒的复制。同时，IFN 还可增强自然杀伤细胞（NK 细胞）、巨噬细胞和 T 淋巴细胞的活力来增强抗病毒能力，从而起到免疫调节作用。

IFNs 属于 II 类螺旋型细胞因子家族，根据哺乳动物干扰素的生物学特性、结构特征以及受体类型，可以将 IFNs 分成三种类型：I 型（IFN-α，β，ω，ε，κ），II 型（IFN-γ）和 III 型（IFN-λ）。病毒感染可以直接诱导产生干扰素 I 型和 III 型，生成的干扰素通过一个信号通路促进抗病毒基因的转录。II 型 IFNγ 是 T 细胞的主要产物，是先天性和适应性免疫调节细胞因子，主要对胞内寄生细菌有抵御作用。目前已经发现了硬骨鱼的 I 型和 II 型 IFN，但还尚未发现 III 型 IFN。

相对于哺乳动物 IFN，病毒诱导的鱼类 IFN 基因的分类一直存在争议。因为哺乳动物和鱼类 IFN 蛋白质序列之间的总体相似性低于 25%，导致系统发育分析不够准确。因此，不能肯定地声称鱼类病毒诱导的 IFN 更接近哺乳动物 I 型 IFN 还是 III 型 IFN（或与两组存在直系同源）。虽然现在已经证明鱼类病毒诱导的 IFN 在结构上属于 I 型 IFN，但关于这些细胞因子一致命名的共识仍有待达成。目前在鲑鱼中，病毒诱导型 IFN 分为 6 个亚组，分别命名为 IFNa、IFNb、IFNc、

IFNd、IFNe 和 IFNf。

干扰素是目前所知发挥作用最快的病毒防御体系，几分钟内便可使机体处于抗病毒状态，并在 1 ~ 3 周时间内对病毒的重复感染有抵抗作用。因为 IFN 不能直接杀灭病原，而是通过调节宿主细胞的功能发挥作用，因此病毒不会对干扰素产生抗药性，而其他化学抗病毒药使用一段时间后，病毒就会逐渐产生耐药性。外源干扰素必须在病毒感染的早期使用才能发挥其效果，即体内病毒尚未扩散或引起严重病变之前。如果机体已处于败血症或毒血症阶段，且组织损伤严重，若此时使用干扰素，便起不到决定性作用。

20 世纪 70 年代，国外便尝试使用人白细胞干扰素治疗慢性活动性乙肝，并取得一定疗效。但是由于人白细胞干扰素原材料来源有限，价格昂贵，因此未能大量应用于临床。而且以血液细胞生产的白细胞干扰素存在内源性病毒污染的可能，在医学领域已被禁止使用。20 世纪 80 年代，第一代人类基因工程干扰素问世，随后干扰素进入工业化生产，并且大量投放市场，用于治疗乙型肝炎、狂犬病、呼吸道发炎、脑炎等多种由病毒引发的传染病。基因工程干扰素具有制备简单、产量高、成本低等优点；副作用小，无毒性，且在机体内无残留，也不会污染环境，属于"绿色"药品；产品效价稳定，-15℃保存有效期可达两年以上，常温可保存一年。

干扰素具有比较严格的种属特异性，因此，针对不同动物的疾病需要开发不同的动物干扰素制剂。各种动物的干扰素均具有广谱的抗病毒作用和免疫调节功能，可用于病毒性疫病的预防和治疗，提高动物的抗病毒能力等。与人类干扰素研发相比，动物干扰素的研究相对滞后。在美国，动物重组干扰素的开发和研制被列入 2000—2005 年农业部的重点课题。"日本生物研究计划"中，把畜牧业开发绿色高效畜禽干扰素列为重中之重。欧盟各研究所，财团和公司也在投巨资开发各类动物基因工程干扰素。我国也在加紧相关畜禽干扰素的研发，虽然目前还没有动物干扰素的标准，但相关家畜专用、家禽专用、宠物专用、畜禽通用、水禽专用等系列干扰素产品已获得农业农村部批准，并陆续面市。

在使用动物干扰素进行治疗时，如果配合其他药物制剂作用可以取得更好的疗效。如联合抗病毒化药使用，可以增强效力；联合抗生素使用可以防止细菌性疾病的混合感染；联合免疫球蛋白或电解多维，可以提高干扰素使用效果，促进疫病的康复。干扰素既不会促进抗体的生成也不会削弱或中和抗体，因此在使用

干扰素后，可以结合各类传染病的免疫特点并接种相应疫苗。但需要注意的是，干扰素可能对减毒活疫苗有一定干扰作用。因此，在使用该类疫苗免疫后的72 h 内，不得再使用基因工程干扰素。同时，一些赋形剂和抗消化成分的研发，既延缓了干扰素在体内的作用时间又提高了产品的使用效果，同时解决了口服使用时胃酸对干扰素制剂的影响。

2018 年，杨倩等为表达虹鳟 I 型干扰素 e7（IFNe7），并检测其抗 IHNV 的活性，采用 RT-PCR 从虹鳟肾脏组织中扩增虹鳟 *IFNe7* 基因，克隆至 pMD19-T 载体，测序分析后构建重组真核表达载体 pEGFP-*IFNe7*，并转染至胖头鲹肌肉细胞（FHM）检测其抗病毒活性。结果显示，虹鳟 *IFNe7* 基因序列为 561 bp，编码 186 个氨基酸，与大西洋鲑 I 型干扰素（IFN-I）亲缘关系最近。通过荧光观察、RT-PCR 及 Western blot 方法鉴定显示，真核表达载体 pEGFP-*IFNe7* 能在 FHM 细胞中表达 49 ku 的重组蛋白；采用细胞病变抑制法表明 IFNe7 具有抗 IHNV 的活性（图 8-4）。

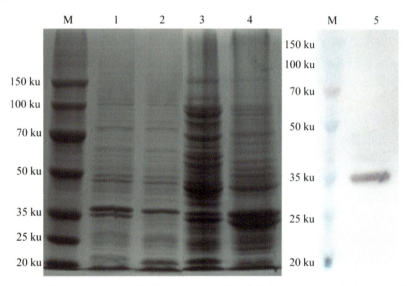

M. 蛋白质分子量标准；1. pET-32a（+）-IFNa/BL21 的诱导表达；2. pET-32a（+）/BL21 的诱导表达；3. pET-32a（+）-IFNa/BL21 诱导表达的上清；4. pET-32a（+）-IFNa/BL21 诱导表达的沉淀；5. rIFNa 蛋白的Western blot 结果

图8-4　虹鳟重组 IFNa 蛋白的表达鉴定

目前尚无农业农村部批准的鱼类干扰素面市，虹鳟干扰素的研究还处于实验阶段。研究已发现，通过注射途径施用重组大西洋鲑 IFNa2，可在虹鳟中诱导剂量依赖性的短期保护，免疫保护可持续 1 ～ 3 d，并诱导多种 IFN 诱导型基因的表达。本实验室根据 NCBI 中已公布的虹鳟 *IFNa* 基因序列（GenBank 登录号：AM489418）设计引物扩增 *IFNa* 基因，并构建重组质粒 pET32a（＋）-*IFNa* 在大肠杆菌中进行诱导表达。SDS-PAGE 检测结果显示，获得的重组 IFNa（Recombinant IFNa，rIFNa）蛋白以可溶性和包涵体两种形式表达，大小约为 35 ku。重组蛋白经纯化后进行 Western blot 检测，结果显示 rIFNa 蛋白大小符合预期蛋白（图 8-5）。通过细胞病变抑制法检测了 rIFNa 蛋白的抗病毒活性，结果显示 rIFNa 蛋白的生物活性与其浓度呈正相关关系，抗病毒效价约为 1×10^4 U/mg。以上结果表明，鲑鳟鱼基因工程干扰素具有很大的应用前景。

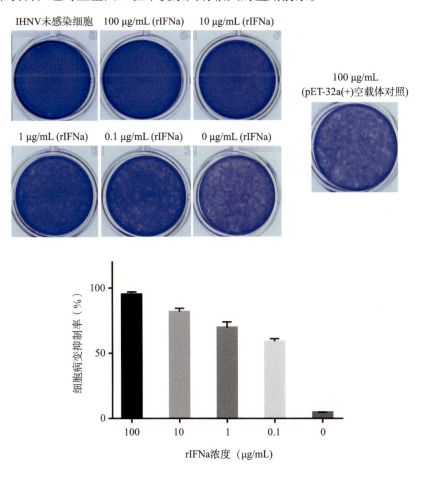

图中蓝色部分表示完整或几乎完整的细胞层，白色小点表示由病毒造成的噬斑。

图8-5　不同浓度虹鳟重组IFNa 体外抗 IHNV 保护效果

二、转移因子

转移因子（Transfer factor，TF）为白细胞中有免疫活性的 T 淋巴细胞所释放的一类小分子可透析物质。自 20 世纪 50 年代发现 TF 至今，研究发现其具有分子质量小、无毒、无抗原性、不引起过敏反应，不产生对抗抗体且可超越种系界限应用等优点，并且 TF 在免疫缺陷、恶性肿瘤、各种感染性疾病等方面进行的试验治疗，均取得了一定疗效。大量的试验研究表明，转移因子对疫苗均具有协同作用，能显著提高机体细胞免疫水平，缩短机体免疫应答期，促进抗体的产生，并延长抗体高峰期，使之维持更长的时间。

转移因子具有广泛的免疫学调节活性、非特异性免疫学活性和特异性免疫学活性，其作用不受动物种属的限制，即牛的转移因子能将其免疫活性转移给猪、羊、犬、鸡和鱼，在兽医临床上已有许多应用的报道，如对猪、鸡、犬、牛均有显著的效果，作为一种新型、高效、安全的生物药品，牛脾转移因子在兽医临床上具有广阔的应用前景。

转移因子系生物制剂，无任何药物残留，是真正的绿色、安全、高效无污染药物。同时具有非特异性地对休眠的淋巴细胞激活作用，促进淋巴细胞的成熟，增强细胞免疫功能。具有免疫占位作用，能弥补免疫不足或空档期，减少免疫抑制的发生，降低发病率。在疫苗免疫的同时，使用转移因子可增强疫苗免疫效果，提前产生免疫，抗体滴度明显提高。2018 年，赖为民等为研究牛脾转移因子（TF）联合核酸疫苗对虹鳟传染性造血器官坏死病（IHN）保护率的影响，为预防控制虹鳟 IHN 病提供参考，使用 60 g 左右的虹鳟 180 尾，随机分为 6 组，每组 30 尾。第 I 组为空白组，不注射任何试剂，第 II 组为 PBS 注射组，第 III 组为核酸疫苗注射组（0.2 mL / 尾），第 IV、V、VI 组为不同剂量（0.1 mL、0.15 mL、0.2 mL）的 TF 和核酸疫苗（0.2 mL / 尾）联用注射组，于免疫后第 7 d 同时每尾注射 0.20 mL（含 5×10^6 pfu 病毒粒）IHNV。病毒注射后 14 d 内观察各组鱼死亡情况，记录其特征及数量，并对死亡鱼进行解剖观察和制作病理组织切片观察。结果显示，死亡鱼符合虹鳟 IHN 病理特征，TF 对虹鳟的相对保护率均在 90% 以上，明显高于单独使用核酸疫苗对虹鳟的相对保护率，且 IV、V 组相对保护率达到 100%，核酸疫苗联合使用 TF 剂量为 0.1 mL 效果最佳。

三、白介素

白细胞介素（Interleukins, IL）是一组多效小分子多肽，具有广泛的生物活性。早在 1960 年就有研究者发现被活化的 T 淋巴细胞能够产生一种可溶性的因子，且该因子具有活化 B 淋巴细胞及促进抗体产生的作用，随后此类能够影响细胞免疫应答的因子相继被发现，也被不同研究者命以不同名字。直至 1979 年，国际淋巴因子专题讨论会将这类由单核巨噬细胞和 T 淋巴细胞分泌的，非特异性发挥免疫调节并在炎症反应中发挥重要作用的细胞因子统一命名为白细胞介素，以阿拉伯数字区分不同的因子。过去认为白介素主要参与白细胞间相互作用，但是许多研究已表明，白细胞介素还参与造血干细胞、血管内皮细胞、造血细胞、纤维母细胞、神经细胞、成骨和破骨细胞等其他细胞的相互作用。除此之外，白介素还参与致炎反应，并在免疫系统中起重要调控作用。其调控机制主要依靠免疫细胞表面的白介素受体能够特异地结合白介素，促进免疫细胞的活化、增殖及分化，从而行使调控功能。这些功能表明，白介素在机体抵御外界病原的过程中扮演重要的角色。

白介素 1（IL-1）是一种可溶性细胞因子，主要由血液中的单核细胞和组织中的巨噬细胞产生，在增强 NK 细胞杀伤活性及炎症反应中具有重要作用。1999年，Zou 等（1999）在虹鳟体内首次发现并克隆了 *IL-1β* 基因，这也是第一个被克隆的鱼类 *IL-1* 基因。通过对虹鳟 *IL-1β* 基因进行序列分析发现该基因 cDNA 全长 1 343 bp，与人类 IL-1β 氨基酸序列相似度达 49% ~ 56%。仅包括 6 个外显子和 5 个内含子，与哺乳动物相比不仅数目上少而且内含子长度也短。在此研究基础上，Zou 等（1999）后续又对 IL-1β 进行了更加细致的研究。RT-PCR 显示存在两个额外的 *IL-1β* 基因的不完全剪接体，说明其转录产物除了包括正常的剪接产物外，还存在两种保留部分内含子的不完全剪接方式。在此之后 Pleguezuelos 等（2000）便得到了虹鳟 *IL-1β* 基因的第二个克隆，两个 *IL-1β* 基因之间差异较小，仅在外显子和内含子的大小上有所区别，两者都没有 *IL-1* 转换酶切割位点。这些鱼类 *IL-1β* 基因被成功克隆后，有学者对 *IL-1β* 表达调控进行研究，结果显示，*IL-1β* 在机体免疫中是一把双刃剑，在含量极微的状况下能够增强机体免疫，但是在表达量增加后就会损伤以神经细胞为最显著的许多细胞。总的来说这些研究均极大地促进了鱼类分子免疫学的发展。

四、其他非特异性免疫因子

在实际研究过程中，研究者还发现了一些在疾病治疗方面具有较好效果的非特异性免疫因子，目前还处在研究阶段，相信在未来这些非特异性免疫因子在抗IHNV过程中会起到较好的效果。

聚肌胞（Polyinosinic-Polycytidylic acid，PolyI:C），是一种人工合成的双链核糖核酸，主要用于激活淋巴细胞，是一种干扰素诱导剂。使用方便、广泛，无种属特异性，目前已广泛在家禽、猪、牛等动物上使用。具有毒性小、安全范围大、减少化药使用的特点。该因子与疫苗同时使用能弥补免疫空白期，不影响机体抗体水平，还能避免加强免疫引起的抗体水平过高。具有缓解疫苗应激反应和增强免疫效果的作用。PolyI:C（1% 含量原粉）经特殊加工可口服给药，不受消化酶和胃酸的破坏。

胸腺肽（又名胸腺素，Thymopeptide）是胸腺组织分泌的具有生理活性的一组多肽。临床上常用的胸腺肽是从小牛胸腺发现并提纯的有非特异性免疫效应的小分子多肽。它能够特异性地诱导 T 细胞分化成熟、增强细胞因子的生成、增强B 细胞的抗体应答。

肿瘤坏死因子（Tumor necrosis factor，TNF）是一种能使多种肿瘤发生出血性坏死的物质，是第一个用于肿瘤生物疗法的细胞因子。2003 年，国内也是世界上第一例突变体新型人重组肿瘤坏死因子（nrhTNF）获得批准生产。TNF 具有类似IFN 抗病毒作用，阻止病毒早期蛋白质的合成，从而抑制病毒的复制，并与 IFN-α和 IFN-γ 协同抗病毒。目前 TNF 抗病毒机理还不十分清楚。

第四节　被动免疫

被动免疫（Passive immunity）是指机体被动接受抗体、致敏淋巴细胞或其产物所获得的特异性免疫能力。与主动产生的免疫不同，其特点是效应快，不需经过潜伏期，一经输入，虽然可立刻获得免疫力，但维持时间短。按照获得方式的不同，可分为天然被动免疫和人工被动免疫。天然被动免疫是指人或动物在天然情况下被动获得的免疫力，如胎儿可经胎盘或乳汁获得母体内的抗体，从而提高免疫力。人工被动免疫是指用人工方法给人或动物直接输入免疫物质而获得免疫力的。人工被动免疫效应快，可用于紧急预防，但维持时间短。

人工被动免疫的常用生物制品有抗毒素、抗菌血清、免疫调节剂等。抗毒素是指用致病微生物的类毒素多次接种实验动物（常用动物是马），待接种动物产生大量对抗该类毒素的抗体后，从血清中提取抗体制备的制品。抗菌血清是指将病原微生物直接接种实验动物，当接种动物获得免疫力后，采集含有抗体的血清精制而成的产品。免疫调节剂是一大类能够增强促进和调节免疫功能的生物制品。

卵黄抗体（egg yolk antibodies）也可称作卵黄免疫球蛋白 Y（Immunoglobulin Y，IgY），是指鸟类卵黄中存在的抗体。IgY 会经由卵黄膜转移到卵黄中，为子代提供免疫保护，属于天然被动免疫。20 世纪 80 年代以来，人们便开始利用卵黄中的 IgY 进行被动免疫来预防和治疗各种人和动物的疾病，并取得了很好的疗效。目前卵黄抗体受到了世界各国的青睐，并广泛用于免疫学诊断、医药、保健品以及养殖业等领域，包括水产养殖业，具有良好的开发和市场应用前景。用卵黄抗体控制水产动物疾病的方式主要有注射、口服和浸浴。理论上认为，注射方式效果最为直接，血清中的抗体水平更高。用腹腔注射、口服和加入饲料中等方式研究抗鳗弧菌特异性卵黄抗体对虹鳟的被动免疫保护作用，发现这 3 种方式均能明显提高虹鳟的抗病能力，其中注射效果最好，死亡率明显低于口服组和饲喂组。卵黄抗体高效、低成本、收集抗体无须采血，符合动物权益，且对环境友好，无毒副作用，无残留，作为抗生素类药物和化学保鲜剂的替代品，在水产疾病防治、水产保鲜及病害诊断中具有重要学术意义和应用价值。

第五节　RNA 干扰技术

RNA 干扰（RNA interference，RNAi）是指在进化过程中高度保守的、由双链 RNA（Double-stranded RNA，dsRNA）诱发的、同源 mRNA 高效特异性降解的现象。基因沉默，主要有转录前水平的基因沉默（TGS）和转录后水平的基因沉默（PTGS）两类：TGS 是指由于 DNA 修饰或染色体异染色质化等原因使基因不能正常转录；PTGS 是启动了细胞质内靶 mRNA 序列特异性的降解机制。有时转基因会同时导致 TGS 和 PTGS。由于使用 RNAi 技术可以特异性剔除或关闭特定基因的表达（长度超过 30 的 dsRNA 会引起干扰素毒性），所以该技术已被广泛用于探索基因功能和传染性疾病及恶性肿瘤的治疗领域。

关于 RNAi 在鱼类中的应用研究相对较少。Wargelius 等（1999）首先进行这方面的探索，他们将用 T7RNA 聚合酶合成的长 dsRNA 显微注射到斑马鱼 1 ~ 2 细胞期受精卵中，观察胚胎发育中的 RNAi 现象，进一步确认基因的功能。这是首次在鱼类，甚至脊椎动物中进行的关于 dsRNA 引起的 PTGS 现象的研究。而 Li 等（2003）用长 ds RNA 不仅可以特异抑制外源导入的绿色荧光蛋白的表达，也能特异性抑制内源基因 Zf-T 和 Pax6.1 的表达，没有非特异性抑制现象产生。且将两种 ds RNA 混和注射到斑马鱼受精卵中，则两种内源基因同时被抑制。2003 年，Boonanuntanasarn 等在虹鳟胚胎中用 si RNA 介导基因沉默。他们首先合成靶向 e GFP 基因不同位点的 si GFP，以及错配 4 个碱基的 si GFP-M 作为对照，将这些 si RNA 以 1.0 ng / 胚胎、2.5 ng / 胚胎、5.0 ng / 胚胎的量显微注射到 e GFP 稳定表达家系虹鳟 1 ~ 2 细胞期受精卵中。结果发现，2.5 ng/ 胚胎的注射量可以高效抑制 GFP 的表达；5.0 ng/ 胚胎量的注射量仅 30% 胚胎发出微弱的荧光，高于此量的 si RNA 抑制效果不会再增强；而 si GFP-M 没有产生抑制效果，说明没有产生非特异性抑制。另外，针对内源基因 Tyr A（酪氨酸酶 A. tyrosinase）基因也产生了很好的抑制效果而没有产生非特异性抑制。说明 RNAi 可以在鱼类胚胎里进行基因功能等研究。

RNAi 具有抵抗病毒入侵，抑制转座子活动，防止自私基因序列过量增殖等作用，因此可以利用 RNAi 现象产生抗病毒的植物和动物，并可利用不同病毒转录序列中高度同源区段相应的 dsRNA 抵抗多种病毒。目前抑制基因表达常用反义技术或转入没有功能的突变体与该基因竞争。这两种方法对基因的抑制都不如 RNAi 高效、特异、持久。RNAi 在某个基因表达异常引起的疾病中非常有用，如病毒感染、肿瘤等。

第六节　抗病育种

动物疫病不仅危害动物健康，影响水产业经济效益，而且某些人 – 鱼共患的传染病还给人类的健康带来威胁，从遗传的角度来看，也将严重地影响动物的遗传进展。研究表明，人类和动物的许多传染病与其本身的遗传因素有关。近年来，水产养殖业内多种传染病的暴发，已经严重地影响到了人们的生活。如何从根源上做到控制和减少这些重要传染病的暴发和流行，已经成为当今研究的热点问题。20 世纪 80 年代以来，随着分子生物学、分子遗传学和基因工程的飞速发展，以及人们对影响动物免疫功能的遗传基础的认识，为动物的遗传改良和抗病育种提供了新的途径和方法。健康良好的水产品种是给人们提供健康水产品的基础，水生动物传染病的有效控制，是促进水产养殖业健康可持续发展的有效途径。

选育新的虹鳟品种来降低养殖鱼类对 IHNV 的敏感性是控制 IHN 暴发的有效方法之一。一方面可以从自然环境中选育对 IHNV 敏感度小的鲑鱼品种，同时也可以利用生物技术选育对 IHNV 不敏感的二倍体或多倍体鲑鱼品种。Lapatra 等（1996）研究并建立了一个模型系统检测种间杂交对病毒的免疫机制，研究发现使用热诱导雌性褐鳟与雄性湖红点鲑杂交形成的三倍体，经暴露感染后累计死亡率为 2%，显著低于二倍体虹鳟（53%），并且抗体滴度显著高于二倍体虹鳟。三倍体对 IHNV 的防御主要发生在细胞水平上，即减少感染，同时将病毒细胞内化。

王炳谦等（2013）以虹鳟优良品系 G2 世代为基础群体，在避免全同胞或半同胞交配基础上随机交配，建立 60 个全同胞家系，对上述家系进行 IHNV 人工感染试验，构建贝叶斯动物阈模型估计 IHN 抗病力遗传参数,采用吉布斯抽样（Gibbs ampling）方法估计虹鳟 IHN 抗病力方差组分并计算遗传力，结果表明，虹鳟 IHN 抗病力遗传力为 0.34。在此基础上进行抗病家系筛选研究，获得 8 个感染 IHNV 病毒 90 日存活率超过 50% 家系，其中一个家系（编号 K23）存活率超过 90%。本研究结果显示，虹鳟 IHN 抗病力具有中等遗传力，采用选择育种手段对虹鳟 IHN 抗病性能进行遗传改良在技术上是可行的。

第七节　免疫增强剂和微生态制剂

免疫增强剂（Immunoenhancer）是指能够调节动物免疫系统并激活其免疫机能，增强机体对细菌和病毒等传染性病原体抵抗力的一类物质。近年来，国内外均开展了将免疫刺激剂用于水产养殖动物传染性疾病预防的研究，其主要目的是将免疫刺激剂用于预防使用化学药物难于奏效的水产养殖动物的病毒和细菌性疾病。现有的研究结果已经证明,能激活水产动物免疫系统的免疫刺激剂有很多种。根据其来源，大致可以分为来自细菌的肽聚糖和 LPS；放线菌的短肽；酵母菌和海藻的 β-1，3- 葡聚糖和 β-1，6- 葡聚糖和来自甲壳动物外壳的甲壳质、壳多糖等其他免疫激活物质。常见的免疫增强剂和作用如下。

（1）菌体肽聚糖与 LPS：部分革兰氏阳性菌的灭活菌体具有激活动物免疫机能的作用，其作用的主成分就是菌体细胞壁中的肽聚糖。并非所有的革兰氏阳性菌都具有这种功能，而只有特定的菌种和特定的菌株具有这种免疫激活功能。将部分革兰氏阴性菌及其细胞壁中 LPS 投予鱼类后，可以增加鱼类血液中白细胞的数量和提高其吞噬活性。

（2）从放线菌中提取的短肽：从属于放线菌的橄榄灰链霉菌（*Streptomyces olivogriseus*）的培养液中提取的短肽类物质投予鱼类后，可以提高供试鱼的巨噬细胞的吞噬活性和杀菌能力，能增强虹鳟对肾脏病等传染性疾病的抗病力。

（3）酵母菌与菌体多糖：酵母菌的细胞壁中存在大量的β-1，3-葡聚糖、β-1，6-葡聚糖和甘露聚糖等多糖类物质，尤其是含有较多的β-1，3-葡聚糖。将从酵母菌中提取的β-1，3-葡聚糖进行投喂，可以提高鱼体内巨噬细胞及其他白细胞的吞噬和杀菌活性。

（4）真菌与真菌多糖：将从蘑菇中提取的β-1，3-葡聚糖投喂鱼类后，可以增强供试鱼白细胞吞噬活性，提高补体和溶菌酶的活性，促进特异性抗体的生成。

（5）海藻与海藻多糖：将从海带中提取的β-1，3-葡聚糖添加在培养液中，可以刺激鲑的巨噬细胞产生超氧化歧化酶。

（6）甲壳质与壳多糖：从甲壳类和昆虫的外壳中提取的甲壳质与壳多糖，投喂鱼类后，可以增强供试鱼的白细胞吞噬活性和杀菌能力，提高体内溶菌酶活性和对各种传染病的抵抗力。

（7）中草药：从中草药中提取的许多成分，如干草酸、黄芪多糖、莨菪碱等已经被大量的试验研究结果证明，是很有开发前景的水产用免疫刺激剂。

（8）其他免疫刺激剂：如左旋咪唑等化学合成物质，本来是作为杀虫剂使用的，现有研究结果已经证明这种物质还具有增强鱼类白细胞的吞噬活性和杀菌活性，使溶菌酶的活性上升，提高虹鳟对弧菌病的抵抗力。

免疫增强类生物活性添加剂可以增强鱼类的免疫性能，这一点已经在其他水产饲料研究中得到证实，因此可作为虹鳟的潜在添加剂。刘含亮等（2012）发现，饲料中添加200 μg/kg的壳寡糖可显著提高虹鳟的非特异性免疫功能。Ji等（2017）发现，在虹鳟饲料中添加0.2%的β-葡聚糖能提高对杀鲑气单细菌（*Aeromonas salmonicida*）的抗性。另外，多种植物源活性物质价格低廉，可作为功能性饲料添加剂应用于虹鳟养殖。如Vazirzadeh等（2017）发现，无叶杜鹃花（*Ducrosia anethifolia*）精油对虹鳟有免疫刺激作用。Awad等发现，用黑种草（*Nigella damascena*）籽油和荨麻抽提物作为添加剂可以提高虹鳟的免疫力。Baba等（2015）发现，香菇（*Lentinula edodes*）抽提物可以提高虹鳟的免疫能力，降低其对格氏乳球菌（*Lactococcus garvieae*）感染的死亡率。植物源活性物质的抽提势必会增加养殖成本，所以直接应用植物粉添加到饲料中也是一种重要的途径。

Nootash 等（2013）在虹鳟饲料中添加绿茶提取物（*Camellia sinensis*），结果显示，绿茶提取物添加量为 100 mg / kg 时可有效增强虹鳟的抗氧化系统和免疫系统功能。Taee 等（2017）研究发现，香桃木（*Myrtus communis*）对虹鳟的非特异性免疫有增强作用，也能增加虹鳟皮肤黏液的抗菌活性。Yeganeh 等（2015）发现，螺旋藻可作为虹鳟的免疫刺激剂。Mohammad 等（2017）研究发现，尾尖异株荨麻（*Urtica dioica subsp. afghanica* Chrtek）可激发虹鳟的免疫力，使其抗微生物感染能力更强。我国在植物源活性物质的研究应用上有着得天独厚的优势，大量中草药资源及其活性物质被研究并在水产养殖业实践应用。虹鳟在我国属于小众水产，有关中草药活性成分的应用研究不多，但是其投入产出比却很高，有很高的研究价值。

微生态制剂是将从天然环境中提取分离出来的微生物经过培养扩增后形成的含有大量有益菌的制剂，在水产养殖业中的应用主要有饲料添加剂和水质改良剂等。微生态制剂通过改善微生态系统平衡和养殖环境、提高养殖水生动物的应激抗病能力、调控机体代谢和提供营养物质等多种形式，在水产养殖业中发挥着重要的作用。微生态制剂具有绿色、环保、安全的特点，有望取代抗生素，促进水产养殖业的可持续发展。根据养殖过程中的不同目的，微生态制剂可具有不同的功能作用，其主要的优势和作用如下。

（1）补充优势菌群：乳酸杆菌和双歧杆菌等厌氧菌是肠道内的优势菌群，对维持肠道微环境有重要作用。如果这些优势菌群减少则会引起机体功能紊乱，而微生态制剂可补充部分有益菌，恢复微环境。

（2）生物夺氧：在以厌氧菌作为优势菌群的动物肠道内，当机体微环境被破坏时，会在肠道内形成有氧环境。加入需氧型微生态制剂后，可使肠道内的氧浓度降低，通过生物夺氧作用使机体内恢复正常的厌氧微环境，从而使原来的优势菌群正常发挥作用，恢复微生态平衡。

（3）参与免疫应答反应：微生态制剂内含有维生素、蛋白质、微量元素等营养物质，可作为饲料添加剂为水生动物提供营养。微生态制剂还能够作为免疫激活剂激发宿主机体免疫功能，提升干扰素、巨噬细胞活性，进而提高机体免疫力。此外，一些微生物在发酵或代谢过程中，可以产生具有生理活性的物质及酶类，促进动物健康生长。

（4）维持肠道微环境平衡：正常生理条件下，有益微生物在肠道内占主导地位，维持肠道内微环境的平衡。当受到水体环境恶化、饲料投喂不当、药物不合理使用等外界不良因素刺激时，有益菌群会受到破坏，造成肠道微生态失衡，进而引起机体抵抗力下降，诱发疾病。微生态制剂的加入可调节、恢复微环境，补充恢复有益菌的数量，维持有益菌群的优势地位，促进微生物、环境和宿主之间物质、信息和能量的流动。

（5）改善养殖生态环境：水质的恶化严重影响着水产养殖动物的存活率和产量，在养殖过程中，水生动物的代谢产物、有机质的分解产物以及水体中的有毒有害物质，对养殖动物都存在着毒害作用。有益菌可以降解和转化有机物，如分解残留饵料、动植物残体，减少或消除氨氮、硫化氢、亚硝酸盐等有害物质，进而达到改善水质的目的。

益生元和益生菌不只是人类的功能性食品，也可作为功能性饲料添加剂饲喂动物。益生元和益生菌用于虹鳟养殖可以促进虹鳟生长，改善其肠道菌群。如Ramos 等（2013）用商用益生元饲喂虹鳟，结果发现，益生元可调节虹鳟肠道菌群，促进虹鳟生长。王纯等（2017）研究发现，将解淀粉芽孢杆菌和胶红酵母复合菌添加到虹鳟饲料中，能显著促进虹鳟的生长并提高其存活率。Merrifield 等（2010）研究发现，添加芽孢杆菌（枯草芽孢杆菌和地衣芽孢杆菌复合菌）后，虹鳟的饲料转化率、特定生长率以及蛋白质效率比都有显著提升，而且在试验组鱼的胃肠道末端发现了高浓度的益生菌株。在其他水产乃至畜牧养殖业已经发现，添加益生元和微生物及其产物、制剂的饲料除了拥有促进养殖动物生长、调节肠道菌群的功能外，还可降解植物大分子，提高饲料利用率，补充维生素，增强动物免疫力等，因此在虹鳟饲料应用中同样极具前景。

第八节　防控策略

控制病毒感染最有效的方式是防止接触病毒。IHN 的防控，首先需要有规律地对 IHN 进行常规检查和诊断，尤其在鱼类运输前后，更应该进行严格地检测。其次是避免接触感染的养殖场，使用无病毒的养殖水体，使用经检测的卵，从源头上切断传染源。对患有 IHN 的养殖场的养殖废水应消毒后再排放从而限制病毒的扩散。此外，改善和保持优良的生态环境，加强和改进饲养管理，培育抗病力强的品种，对健康鱼类进行早期的免疫接种，增强机体抵抗力等均是预防病毒疾病的常用方法。

一、建立严格的检疫制度

目前，世界动物卫生组织针对 IHN 实施了严格的控制和监测政策。2007 年 IHN 的流行情况说明书表明，在 IHN 未流行的地区，疫情可以通过扑杀、消毒、检疫和其他措施进行防控。在 IHN 流行的地区，良好的生物安全意识和卫生条件将大大降低 IHNV 引入养殖场的风险。加拿大不列颠哥伦比亚省鲑鱼养殖业普遍接受一种预防措施，即对不同年份和不同种类的鲑鱼进行分隔饲养，减少围栏之间个体的移动，如果发生感染则加速扑杀幼鱼，经过一段时间的消毒休整后再补充进新鱼苗。运输屠宰后的新鲜鲑鱼或是冷冻制品并不会造成 IHNV 的传播，虹鳟加工品传播 IHNV 的风险亦可以忽略不计。

在我国，农业农村部每年都会针对 IHN 开展专项监测。监测国家级、省级鲑鳟鱼原良种场和重点苗种场，公示连续监测结果为阴性的养殖场点信息，有效控制 IHN 的流行扩散趋势，保障输出无病的苗种。通过实施监测，更全面、及时地掌握 IHN 疫病的流行情况，为防疫制度的完善和加强管理提供决策依据（图 8-6）。

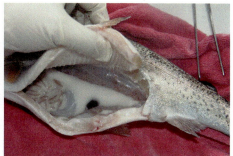

图8-6 养殖场监测采样

二、鱼卵及苗种的健康培育

将苗种场的受精、孵化、苗种培育等区域合理分区，避免在同一区域操作，以减少交叉污染机会（图 8-7）。使用不携带 IHNV 的水孵化和培育苗种，可采用紫外线或臭氧消毒用水。繁育和养殖工具专池专用，采用三氯异氰尿酸钠等高效消毒剂对养殖池、工具等进行消毒。对孵化车间实行封闭式管理，对外来人、工具等严格控制。避免有可能携带 IHNV 的外来运输车辆、工具或鱼体接触亲鱼以及养殖区域。

图8-7 分池养殖，避免交叉污染

对鱼卵采用有机碘消毒可有效阻断 IHNV 通过受精卵进行传播，此法广泛应用于病毒流行区域。此外不从疫区引入水源，尽量使用地下水、井水、无 IHNV 感染的泉水饲养鱼苗。一旦发现患病鱼或疑似患病鱼必须销毁，对养鱼设施进行彻底消毒等都是最切实可行的控制措施。

三、建立无规定特定病原苗种场

无规定动物疫病区是指在规定期限内，没有发生过某种或几种疾病，同时在该区域及其边界和外围一定范围内，对动物和动物产品、动物源性饲料、动物遗传材料、动物病料、兽药（包括生物制品）的流通实施官方有效控制并获得国家认可的特定区域，包括非免疫无规定疫病区和免疫无规定疫病区两种。国家支持地方建立无规定动物疫病区，鼓励动物饲养场建设无规定动物疫病生物安全隔离区。对符合国务院农业农村主管部门规定标准的无规定动物疫病区和无规定动物疫病生物安全隔离区，国务院农业农村主管部门验收合格予以公布，并对其维持情况进行监督检查。省、自治区、直辖市人民政府制定并组织实施本行政区域的无规定动物疫病区建设方案。国务院农业农村主管部门指导跨省、自治区、直辖市无规定动物疫病区建设。国务院农业农村主管部门根据行政区划、养殖屠宰产业布局、风险评估情况等对动物疫病实施分区防控，可以采取禁止或者限制特定动物、动物产品跨区域调运等措施。

2007 年 3 月 1 日我国实施《无规定动物疫病区评估管理办法》。目前应考虑借鉴陆生动物无规定动物疫病区的建设思路，建设一批无 IHNV 特定病原的苗种场。在一些工厂化车间开展鲑鳟鱼繁育工作，由于相对封闭的环境，水可以循环处理并经过严格消毒，避免了病毒的水平传播；同时经过严格监测控制住亲本不携带病原，就可以生产出不带 IHNV 的苗种。苗种经过一段时间培育后再运输至流水养殖区域开始商品化养殖，在现阶段会大大降低养殖鲑鳟鱼因 IHN 而损失的风险。在商品鱼养殖中，有计划地在养殖间隙，从上游至下游依次对养殖池进行消毒（图 8-8），而这些养殖区域的鱼只能被食用而不得作为种鱼使用，实现逐步消灭 IHNV 的目标。

图8-8　鱼池带水消毒

四、应用快速诊断技术

在未来一段时间内采取监测苗种或种鱼是否携带病原，控制疫病传播源头，是较为可行的控制 IHN 的方法，这迫切需要应用一种快速检测诊断 IHNV 的技术。快速检测是防控鱼类病毒病的关键技术措施之一，如胶体金技术及 ELISA 技术都是未来快速诊断检测 IHNV 技术的发展方向，但这依赖于制备出高效价的单抗和多抗。2019 年初，由成都市农林科学院、四川农业大学和成都市动物疫病预防控制中心联合起草并发布了《鲑科鱼类传染性造血器官坏死病毒逆转录－聚合酶链式反应检测方法》成都市地方标准（DB5101/T 52—2019），该标准规定了适宜于成都市的鲑科鱼类 IHNV 快速检测方法相关技术要求，为防治鱼类传染性造血器官坏死病赢得"黄金时间"。

五、应急管理

对 IHNV 的深入了解和预防措施已经在某些程度上预防和控制了该病的流行，

但仍未完全杜绝该病的发生。IHN 一旦暴发，会给养殖渔业带来巨大的经济损失，因此做好防治工作十分必要。

发生 IHN 后应及时向当地主管部门报告并采取应急管理措施。对于已经发病的养殖场，可采取降低死亡率，减少损失的应急措施。发现鱼有发病迹象后，应及时捞出掩埋，掩埋地点远离养殖用水，并使用生石灰等处理。10 g 以上的大型稚鱼或成鱼发病初期可依赖改善营养来缓解病情。同时采取增氧措施，保障水体中氧气含量在 6 mg/L 以上。发病时慎用消毒制剂或移动鱼，以减少应激。有条件的话尽量降低养殖密度（图 8-9），工具需严格消毒后才能再次使用，且专池专用，避免交叉污染。养殖用水排放需经消毒处理。

图8-9　降低养殖密度

六、日常监测

水生动物疫病监测预警与评估分析的结果可以为政府部门制定疫病防控策略和采取措施提供依据。因此，要积极建立水生动物疫病监测预警与评估体系并充分发挥其功能。相关部门要坚持统一管理、分级实施、科学布局的原则，不断扩大监测范围，增加监测点位数量；同时，要进一步加强动物疫情监测信息的收集、整理和病原监测、流行病学调查（图 8-10），提高分析评估的科学性和时效性，为全面掌握疫情形势和制定防控措施提供科学依据。此外，相关部门工作人员还应该提高监测数据的信息化应用能力，加强网络信息技术在疫病监测和疫情信息统计分析方面的运用，提高数据资料统计分析的自动化和分析评估的科学化。

县级以上人民政府建立健全动物疫病监测网络，加强动物疫病监测。国务院农业农村主管部门会同国务院有关部门制定国家动物疫病监测计划。省、自治区、直辖市人民政府农业农村主管部门根据国家动物疫病监测计划，制定本行政区域的动物疫病监测计划。动物疫病预防控制机构按照国务院农业农村主管部门的规定和动物疫病监测计划，对动物疫病的发生、流行等情况进行监测；从事动物饲养、屠宰、经营、隔离、运输以及动物产品生产、经营、加工、贮藏、无害化处理等活动的单位和个人不得拒绝或者阻碍。国务院农业农村主管部门和省、自治区、直辖市人民政府农业农村主管部门根据对动物疫病发生、流行趋势的预测，及时发出动物疫情预警。地方各级人民政府接到动物疫情预警后，应当及时采取预防、控制措施。

图8-10　加强监测管理和养殖技术指导

陆路边境省、自治区人民政府根据动物疫病防控需要，合理设置动物疫病监测站点，健全监测工作机制，防范境外动物疫病传入。科技、海关等部门按照有关法律法规的规定做好动物疫病监测预警工作，并定期与农业农村主管部门互通情况，紧急情况及时通报。县级以上人民政府应当完善野生动物疫源疫病监测体系和工作机制，根据需要合理布局监测站点；野生动物保护、农业农村主管部门按照职责分工做好野生动物疫源疫病监测等工作，并定期互通情况，紧急情况及时通报。

国务院农业农村主管部门制定并组织实施动物疫病净化、消灭规划。县级以上地方人民政府根据动物疫病净化、消灭规划，制定并组织实施本行政区域的动物疫病净化、消灭计划。动物疫病预防控制机构按照动物疫病净化、消灭、计划，开展动物疫病净化技术指导、培训，对动物疫病净化效果进行监测、评估。国家推进动物疫病净化，鼓励和支持饲养动物的单位和个人开展动物疫病净化。饲养动物的单位和个人达到国务院农业农村主管部门规定的净化标准的，由省级以上人民政府农业农村主管部门予以公布。

对重点苗种场开展定期监测。固定监测点并开展连续多年的监测（图 8-11），在没有引入外来鱼类情况下，来自连续监测呈阴性的渔场生产的苗种，可以认为其是健康的，在确保每年监测结果都是阴性的前提下，进行水产苗种产地检疫时可不经过实验室检测环节。抽样环节需在 15℃以下抽取 6 月龄以下的虹鳟鱼苗进行监测。及时公示经 IHNV 监测结果为阴性的渔场信息，为养殖户选择购进苗种提供参考。

图8-11　定期水质监测

参考文献

陈芸，2005. 用 RNA 干扰（RNAi）抗草鱼出血病病毒的初步研究 [D]. 武汉：中国科学院研究生院（水生生物研究所）.

贾鹏，2016. 传染性造血器官坏死病毒中国株遗传进化分析及检测方法研究和应用 [D]. 长春：吉林大学.

吉尚雷，2014. 一株传染性造血器官坏死病病毒分离鉴定、全基因组测序分析及糖蛋白原核表达 [D]. 长春：吉林农业大学.

李勤慎，陈静，2005. 冷水性鱼类养殖实用技术 [M]. 兰州：甘肃科学技术出版社.

李守湖，2017. 传染性造血器官坏死症活载体疫苗的研制 [D]. 兰州：甘肃农业大学.

李思忠，2017. 黄河鱼类志 [M]. 山东：中国海洋大学出版社.

刘韬，魏文燕，刘家星，等，2019. 四川彭州地区养殖虹鳟传染性造血器官坏死病病毒的分离、鉴定及病理学观察 [J]. 水产学报，43(12):2567-2573.

李渊，2017. 传染性造血器官坏死病（IHN）核酸疫苗的构建及其安全性的初步探究 [D]. 上海：上海海洋大学.

刘荭，范万红，史秀杰，等，2006. 国内养殖鱼类和进境鱼卵中传染性造血器官坏死病毒（IHNV）的检测和基因分析 [J]. 华中农业大学学报，25(5):544-549.

刘含亮，孙敏敏，王红卫，等，2012. 壳寡糖对虹鳟生长性能，血清生化指标及非特异性免疫功能的影响 [J]. 动物营养学报 (3):8.

刘家星，杨马，魏文燕，等，2019. 四川成都地区鲑鳟鱼类传染性造血器官坏死病的流行情况 [J]. 渔业致富指南，19:51-53.

刘元林，2013. 人与鱼类 [M]，山东：山东科学技术出版社.

赖为民，汪开毓，魏文燕，等，2019. 牛脾转移因子联合核酸疫苗对虹鳟鱼 IHN 病的保护率影响研究 [J]. 当代水产 :6:80-83.

孟思好，孟长明，陈昌福，2017. 免疫增强剂预防水产动物疾病的作用与应用技术 [J]. 渔业致富指南 (18):68-69.

马志坚，朱国强，2009. 虹鳟生物学特性及养殖技术 [J]. 黑龙江水产 (04):23-28.

牛鲁棋，赵志壮，1988. 东北地区虹鳟 IHN 和 IPN 流行病学的初步研究 [J]. 水产学报，12 (4): 327-332.

曲木，暴丽梅，赵子续，等，2019. 微生态制剂在水产养殖中的应用 [J]. 生物化工，5(06):

102-106+119.

孙鹤,臧林,王秀利,2017. 鱼类部分白介素研究进展 [J]. 河北渔业 (05):57-60.

石琼,范明君,张勇,2015. 中国经济鱼类志 [M]. 湖北:华中科技大学出版社.

王炳谦,姜再胜,户国,等,2013. 虹鳟(Oncorhynchus mykiss)传染性造血器官坏死病
    (IHN)抗病力遗传参数估计及其抗病家系筛选 [J]. 东北农业大学学报,44(09):120-126.

王洪亮,2003. 虹鳟鱼实用养殖技术 [M]. 北京:金盾出版社.

王金娜,邰定敏,安苗,2015. 虹鳟鱼养殖发展研究概况 [J]. 河北渔业 (03):62-65.

王纯,孙国祥,刘志培,等,2017. 解淀粉芽孢杆菌和胶红酵母复合菌对虹鳟生长性能及胃
    黏膜、肠黏膜菌群结构的影响 [J]. 中国水产科学,24 (04): 746-756.

王艳雪,2019. 传染性造血器官坏死病毒 G 基因截短原核表达及其免疫原性研究 [D]. 东北
    农业大学.

吴斌,孙铭英,肇慧君,2011. 应用原位杂交技术检测感染斑马鱼体内的传染性造血器官坏
    死病毒 [J]. 中国科技信息,7(218): 217.

吴洋,2017. 传染性造血器官坏死病毒非结构蛋白 NV 对病毒复制的影响 [D]. 哈尔滨:东北
    农业大学.

杨倩,魏文燕,汪开毓,等,2020. 虹鳟 Ⅰ 型干扰素 IFNa 原核表达与抗病毒活性分析 [J]. 中
    国预防兽医学报,42(1):84-87.

杨倩,2020. 传染性造血器官坏死病病毒 JRT 基因型致病性研究及虹鳟 IFNa 抗 IHNV 免疫
    效应分析 [D]. 成都:四川农业大学

尹伟力,杨柏,阮国栋,等,2022. 传染性皮下及造血器官坏死病毒荧光重组酶快速检测方
    法的建立 [J]. 中国口岸科学技术,4(9):62-67.

余泽辉,2015. 四川地区 1 株虹鳟(Oncorhynchus mykiss)源传染性造血器官坏死病毒的分
    离鉴定 [D]. 成都:四川农业大学.

余泽辉,耿毅,汪开毓,等,2015. 四川地区一株传染性造血器官坏死病毒的分离鉴定及系
    统发育分析 [J]. 水产学报,39(05):745-753.

余泽辉,耿毅,汪开毓,等,2015. 一株传染性造血器官坏死病毒(IHNV)的分离鉴定及其
    感染的病理学观察 [C]. 中国畜牧兽医学会兽医病理学分会第二十一次学术研讨会暨中国
    病理生理学会动物病理生理学专业委员会第二十次学术研讨会:163.

张红敏,2013. 论我国冷水鱼养殖 [J]. 农家科技 (8):218.

朱玲,2018. 虹鳟源传染性造血器官坏死病毒 M 蛋白克隆表达及其对免疫相关基因的影响
    [D]. 成都:四川农业大学.

朱旭, 2013. 传染性造血器官坏死病病毒的分离鉴定及其糖蛋白抗血清的制备和应用 [D]. 武汉 : 华中农业大学.

张秀荣, 1995. 欧洲虹鳟养殖概况 [J]. 齐鲁渔业, 12(1):47.

赵志壮, 牛鲁棋, 1991. 中国本溪虹鳟传染性造血器官坏死症病毒（IHNV）的初步研究（摘要）[J]. 鲑鳟渔业, 1991, 4(1):59.

ALGERS B, BLOKHUIS H J, BTNER A, et al., 2009. Scientific Opinion of the Panel on Animal Health and Welfare (AHAW) on a request from the Commission on porcine brucellosis (Brucella suis)[J]. The EFSA Journal, 1144:1−112.

AMEND D F, NELSON J R, 1977. Variation in the susceptibility of sockeye salmon Oncorhynchus nerka to infectious haemopoietic necrosis virus[J]. Journal of Fish Biology, 11(6):567−573.

AMEND D F, 1976. Prevention and Control of Viral Diseases of Salmonids[J]. Journal of the Fisheries Research Board of Canada, 33(4):1059−1066.

ARAKAWA C, DEERING R, HIGMAN K, et al., 1990. Polymerase chain reaction (PCR) amplification of a nucleoprotein gene sequence of infectious hematopoietic necrosis virus [J]. Diseases of Aquatic Organisms, 8(3): 165−70.

ARKUSH K, MENDONCA H, MCBRIDE A, et al., 2004. Susceptibility of captive adult winter-run Chinook salmon Oncorhynchus tshawytscha to waterborne exposures with infectious hematopoietic necrosis virus (IHNV)[J]. Diseases of Aquatic Organisms, 59(3):211−216.

ARMSTRONG R, ROBINSON J, RYMES C, NEEDHAM T, BRITISH COLUMBIA, 1993. Infectious hematopoietic necrosis in Atlantic salmon in British Columbia[J]. The Canadian Veterinary Journal, 34(5):312.

AWAD E, AUSTIN D, LYNDON A R, 2013. Effect of black cumin seedoil (Nigella sativa) and nettle extract(Quercetin) on enhancement of immunity in rainbow trout, *Oncorhynchus mykiss*(Walbaum)[J]. Aquaculture, 388−391: 193−197.

BABA E, ULUKÖY G, ÖNTAŞ C, 2015. Effects of feed supplemented with Lentinula edodes mushroom extract on the immune response of rainbow trout, *Oncorhynchus mykiss*, and disease resistance against Lactococcus garvieae[J]. Aquaculture, 41:476−482.

BERGMANN S M, FICHTNER D, SKALL H F, et al., 2003. Age- and weight-dependent susceptibility of rainbow trout Oncorhynchus mykiss to isolates of infectious haematopoietic necrosis virus (IHNV) of varying virulence[J]. Diseases of Aquatic

Organisms, 55(3):205−210.

BOONANUNTANASARN S, YOSHIZAKI G, TAKEUCHI T, 2003. Specific gene silencing using small interfering RNAs in fish embryos[J]. Biochem Biophys Res Commun, 310(4):1089−1095.

BOOTLAND L M, LEONG J, 2011. Infectious haematopoietic necrosis virus[J]. Fish diseases and disorders, 3:66−109.

BRUDESETH B E, CASTRIC J, EVENSEN O, 2002. Studies on pathogenesis following single and double infection with viral hemorrhagic septicemia virus and infectious hematopoietic necrosis virus in rainbow trout (Oncorhynchus mykiss). [J]. Veterinary Pathology, 39(2):180−189.

BRUNO D W, NOGUERA P A, POPPE T T, 2013. A Colour Atlas of Salmonid Diseases[M]. Springer Netherlands.

BURKE J, GRISCHKOWSKY R, 2010. An epizootic caused by infectious haematopoietic necrosis virus in an enhanced population of sockeye salmon, Oncorhynchus nerka (Walbaum), smolts at Hidden Creek, Alaska[J]. Journal of Fish Diseases, 7(5) :421−429.

CAMPBELL N R, LAPATRA S E, OVERTURF K, et al., 2014. Association Mapping of Disease Resistance Traits in Rainbow Trout Using Restriction Site Associated DNA Sequencing[J]. G3 (Bethesda, Md.), 4(12):2473−2481.

CHILMONCZYK S, WINTON J R, 1994. Involvement of rainbow trout leucocytes in the pathogenesis of infectious hematopoietic necrosis[J]. Diseases of Aquatic Organisms, 19(2):89−94.

DHAR A K, BOWERS R M, LICON K S, et al., 2008. Detection and quantification of infectious hematopoietic necrosis virus in rainbow trout (Oncorhynchus mykiss) by SYBR Green real-time reverse transcriptase-polymerase chain reaction[J]. Journal of Virological Methods, 147(1):157−166.

DIXON P, PALEY R, ALEGRIA-MORAN R, et al., 2016. Epidemiological characteristics of infectious hematopoietic necrosis virus (IHNV): a review[J]. Veterinary Research, 47(1):63.

DIXON P F, HILL B J, 1984. Rapid detection of fish rhabdoviruses by the enzyme-linked immunosorbent assay (ELISA)[J]. Aquaculture, 42(1):1−12.

DORSON M, CHEVASSUS B, TORHY C, 1991. Comparative susceptibility of three species of char and of rainbow trout X char triploid hybrids to several pathogenic salmonid viruses. [J].

Diseases of Aquatic Organisms(11):217−224.

EDWIGE Q, MICHEL D, SANDRINE G L, et al., 2007. Wide range of susceptibility to rhabdoviruses in homozygous clones of rainbow trout. [J]. Fish & shellfish immunology, 22(5):510−519.

ENZMANN P J, CASTRIC J, BOVO G, et al., 2010. Evolution of infectious hematopoietic necrosis virus (IHNV), a fish rhabdovirus, in Europe over 20 years: implications for control. [J]. Diseases of Aquatic Organisms, 89(1):9−15.

ENZMANN P J, KURATH G, FICHTNER D, et al., 2005. Infectious hematopoietic necrosis virus: monophyletic origin of European isolates from North American Genogroup M[J]. Diseases of Aquatic Organisms, 66(3):187−195.

FOOTT S J, FREE D, MCDOWELL T, et al., 2006. Infectious Hematopoietic Necrosis Virus Transmission and Disease among Juvenile Chinook Salmon Exposed in Culture Compared to Environmentally Relevant Conditions[J]. San Francisco Estuary and Watershed Science, 4(1).

GARVER K A, MAHONY A A M, DARIO S, et al., 2013. Estimation of Parameters Influencing Waterborne Transmission of Infectious Hematopoietic Necrosis Virus (IHNV) in Atlantic Salmon (Salmo salar)[J]. Plos One, 8(12):e82296.

GONZA M, SA X, GANGA M, et al., 1997. Detection of the infectious hematopoietic necrosis virus directly from infected fish tissues by dot blot hybridization with a non-radioactive probe [J]. Journal of virological methods, 65(2): 273−9.

HANSON L, 2006. Enteric septicaemia of catfish. Manual of diagnostic tests for aquatic animals, 5th edn. OIE, Paris: 228−235.

HARMACHE A, LEBERRE M, DROINEAU S, et al., 2006. Bioluminescence Imaging of Live Infected Salmonids Reveals that the Fin Bases Are the Major Portal of Entry for Novirhabdovirus[J]. Journal of Virology, 80(7):3655.

HBTRICK F M, FRYER J L, KNITTEL M D, 1979. Effect of water temperature on the infection of rainbow trout Salmo gairdneri Richardson with infectious haematopoietic necrosis virus[J]. Journal of Fish Diseases. 2(3):253−257.

HEDRICK R P, LAPATRA S E, FRYER J L, et al., 1987. Susceptibility of coho (Oncorynchus kisutch) and chinook (Oncorhynchus tshawytscha) salmon hybrids to experimental infections with infectious hematopoietic necrosis virus (IHNV). [J]. Bulletin of the European Association of Fish Pathologists:97−100.

JEANENE M, ARNZEN, 1991. Rapid Fluorescent Antibody Tests for Infectious Hematopoeitic Necrosis Virus (IHNV) Utilizing Monoclonal Antibodies to the Nucleoprotein and Glycoprotein[J]. Journal of Aquatic Animal Health, 3(2): p. 109−113.

JI L, SUN G, LI J, et al., 2017. Effect of dietary β-glucan on growth, survival and regulation of immune processes in rainbow trout (*Oncorhynchus mykiss*) infected by Aeromonas salmonicida[J]. Fish & Shellfish Immunology, 64:56−67.

JORGENSEN P E V, CASTRIC J, HILL B, et al., 1994. The occurrence of virus infections in elvers and eels (Anguilla anguilla) in Europe with particular reference to VHSV and IHNV[J]. Aquaculture, 123(1–2):11−19.

KASAI K, YONEZAWA J, ONO A, et al., 2009. Brood and Size Dependent Variation in Susceptibility of Rainbow Trout, Oncorhynchus mykiss to Artificial Infection of Infectious Hematopoietic Necrosis Virus (IHNV)[J]. Fish Pathology, 28(1):35−40.

KOLODZIEJEK J, SCHACHNER O, DURRWALD R, et al., 2008. "Mid-G" Region Sequences of the Glycoprotein Gene of Austrian Infectious Hematopoietic Necrosis Virus Isolates Form Two Lineages within European Isolates and Are Distinct from American and Asian Lineages[J]. Journal of Clinical Microbiology, 46(1):22−30.

LAPATRA S E, 1998. Factors Affecting Pathogenicity of Infectious Hematopoietic Necrosis Virus (IHNV) for Salmonid Fish[J]. Journal of Aquatic Animal Health, 10(2):121−131.

LAPATRA S E, ARSONS J E P, JONES G R, et al., 1993. Early Life Stage Survival and Susceptibility of Brook Trout, Coho Salmon, Rainbow Trout, and Their Reciprocal Hybrids to Infectious Hematopoietic Necrosis Virus[J]. Journal of Aquatic Animal Health, 5(4):270−274.

LAPATRA S E, GROBERG W J, ROHOVEC J S, et al., 1990. Size-Related Susceptibility of Salmonids to Two Strains of Infectious Hematopoietic Necrosis Virus[J]. Transactions of the American Fisheries Society, 119(1):25−30.

LAPATRA S E, LAUDA K A, JONES G R, et al., 1996. Susceptibility and humoral response of brown trout X lake trout hybrids to infectious hematopoietic necrosis virus: a model for examining disease resistance mechanisms[J]. Aquaculture, 146(3−4):179−188.

LAPATRA S E, ROBERTI K A, ROHOVEC J S, et al., 1989. Fluorescent Antibody Test for the Rapid Diagnosis of Infectious Hematopoietic Necrosis[J]. Journal of Aquatic Animal Health, 1(1):29−36.

LAPATRA S E, LAUDA K A, JONES G R, et al., 1996. Susceptibility and humoral response of brown trout X lake trout hybrids to infectious hematopoietic necrosis virus: a model for examining disease resistance mechanisms[J]. Aquaculture, 146(3−4):179−188.

LI Y X, FARRELL M J, LIU R P, et al., 2000. Double-stranded RNA injection produces null phenotypes in zebrafish[J]. Developmental biology, 217(2).

MERRIFIELD D L, DIMITROGLOU A, BRADLEY G, et al., 2010. Probiotic applications for rainbow trout (*Oncorhynchus mykiss* Walbaum) I. Effects on growth performance, feed utilization, intestinal microbiota and related health criteria [J]. Aquaculture Nutrition, 16(5): 504−510.

MILLER T, RAPP J, WASTLHUBER U, et al., 1998. Rapid and sensitive reverse transcriptase-polymerase chain reaction based detection and differential diagnosis of fish pathogenic rhabdoviruses in organ samples and cultured cells. [J]. Diseases of Aquatic Organisms, 34(1):13−20.

MOHAMMAD R S, MILAD A, CHRISTOPHER M A C, et al., 2017. Immunological responses and disease resistance of rainbow trout(*Oncorhynchus mykiss*) juveniles following dietary administration of stinging nettle(*Urtica dioica*)[J]. Fish & Shellfish Immunology, 71:230−238.

NICHOL, STUART T. et al., 1995. Molecular epizootiology and evolution of the glycoprotein and non-virion protein genes of infectious hematopoietic necrosis virus, a fish rhabdovirus. Virus research, 38 (2−3): 159−73.

NISHIZAWA T, SAVAS H, ISIDAN H, et al., 2006. Genotyping and Pathogenicity of Viral Hemorrhagic Septicemia Virus from Free-Living Turbot (Psetta maxima) in a Turkish Coastal Area of the Black Sea[J]. Applied and Environmental Microbiology, 72(4):2373−2378.

NOOTASH S, SHEIKHZADEH N, BARADARAN B, et al., 2013. Green tea (Camellia sinensis) administration induces expression of immune relevant genes and biochemical parameters in rainbow trout (*Oncorhynchus mykiss*)[J]. Fish & Shellfish Immunology, 35(6):1916−1923.

OIE, 2015. Aquatic animal health code, World Organisation for Animal Health Paris, France.

OIDTMANN B C, PEELER E J, THRUSH M A, et al., 2014l. Expert consultation on risk factors for introduction of infectious pathogens into fish farms[J]. Preventive Veterinary Medicine, 115(3−4):238−254.

OVERTURF K, CASTEN M T, LAPATRA S L, et al., 2003. Comparison of growth performance, immunological response and genetic diversity of five strains of rainbow trout (Oncorhynchus mykiss)[J]. Aquaculture, 217(1−4):93−106.

OVERTURF K, LAPATRA S, TOWNER R, et al., 2010. Relationships between growth and disease resistance in rainbow trout, Oncorhynchus mykiss (Walbaum)[J]. Journal of Fish Diseases, 33(4):321−329.

PARSONS J E, BUSCH R A, THORGAARD G H, et al., 1986. Increased resistance of triploid rainbow trout × coho salmon hybrids to infectious hematopoietic necrosis virus[J]. Aquaculture, 57(1−4):337−343.

PASCOLI F, BILÒ F, MARZANO N F, et al., 2015. Susceptibility of genotyped marble trout Salmo marmoratus (Cuvier, 1829) strains to experimental challenge with European viral hemorrhagic septicemia virus (VHSV) and infectious hematopoietic necrosis virus (IHNV)[J]. Aquaculture, 435:152−156.

PETERS K, WOODLAND J, 2004. Corroborative Testing of Viral Isolates. U.S. Fish and Wildlife Service, Bozeman and Pine Top Fish Health Centers.

PLEGUEZUELOS O, ZOU J, CUNNINGHAM C, et al., 2000. Cloning, se- quencing, and analysis of expression of a second IL-1βgene in rainbow trout (Oncorhynchus mykiss)[J]. Immunogenet- ics, 51(12):1002−1011.

RAMOS M A, WEBER B, GONCALVES J F, et al., 2013. Dietary probiotic supplementation modulated gut microbiota and improved growth of juvenile rainbow trout (*Oncorhynchus mykiss*) [J]. Comparative Biochemistry and Physiology Part A: Molecular & Integrative Physiology, 166(2):302−307.

RESCHOVA S, POKOROVA D, HULOVA J, et al., 2008. Surveillance of viral fish diseases in the Czech Republic over the period January 1999 - December 2006[J]. Veterinární medicína, 53(2):86−92.

RESSEGUIER J, NGUYEN-CHI M, WOHLMANN J, et al., 2023. Identification of a pharyngeal mucosal lymphoid organ in zebrafish and other teleosts:Tonsils in fish?. *Science Advances,* 9(44)10. 1126.

REXHEPI A, BERXHOLI K, SCHEINERT P, et al., 2011. Study of viral diseases in some freshwater fish in the Republic of Kosovo[J]. Veterinary Archives, 81(3):405−413.

RUDAKOVA S L, KURATH G, BOCHKOVA E V, 2007. Occurrence and genetic typing of infectious hematopoietic necrosis virus in Kamchatka, Russia[J]. Diseases of Aquatic Organisms, 75(1):1−11.

RYAN K J, RAY C G, 2004. Sherris Medical microbiology[M]. McGraw Hill.

ST-HILAIRE S, RIBBLE C S, STEPHEN C, et al., 2002. Epidemiological investigation of infectious hematopoietic necrosis virus in salt water net-pen reared Atlantic salmon in British Columbia, Canada[J]. Aquaculture, 212(1−4):49−67.

TAEE H M, HAJIMORADLOO A, HOSEINIFAR S H, et al., 2017. Dietary Myrtle (*Myrtus communis* L.) improved non-specific immune parameters and bactericidal activity of skin mucus in rainbow trout (*Oncorhynchus mykiss*) fingerlings[J]. Fish & Shellfish Immunology, 64:320−324.

TRAXLER G S, 1986. An epizootic of infectious haematopoietic necrosis in 2-year-old kokanee, Oncorhynchus nerka (Walbaum) at Lake Cowichan, British Columbia[J]. Journal of Fish Diseases, 9(6):545−549.

TRAXLER G S, ROOME J R, KENT M, 1993. Transmission of infectious hematopoietic necrosis virus in seawater [J], Diseases of Aquatic Organisms, 16:111−111.

TRAXLER G S, ROOME J R, LAUDA K A, et al., 1997. Appearance of infectious hematopoietic necrosis virus (IHNV) and neutralizing antibodies in sockeye salmon Onchorynchus nerka during their migration and maturation period[J]. Diseases of Aquatic Organisms, 28(1):31−38.

VAZIRZADEH A, DEHGHAN F, KAZEMEINI R, 2017. Changes in growth, blood immune parameters and expression of immune related genes in rainbow trout (*Oncorhynchus mykiss*) in response to diet supplemented with Ducrosia anethifolia essential oil[J]. Fish & Shellfish Immunol, 69:164−172.

WASHINGTON J A, 1996. Principles of diagnosis[J]. Medical microbiology, 4:134−143.

WARGELIUS A, ELLINGSEN S, FJOSE A, 1999. Double-stranded RNA induces specific developmental defects in zebrafish embryos[J]. Biochemical & Biophysical Research Communications, 263(1):156.

WILLIAMS K, BLAKE S, SWEENEY A, et al., 1999. Multiplex reverse transcriptase PCR assay for simultaneous detection of three fish viruses. [J]. Journal of Clinical Microbiology, 37(12):4139−4144.

YEGANEH S, TEIMOURI M, AMIRKOLAIE A K, 2015. Dietary effects of Spirulina platensis on hematological and serum biochemical parameters of rainbow trout (*Oncorhynchus mykiss*) [J]. Research in Veterinary Science, 101:84188.

YU Z, DENG M, GENG Y, et al., 2016. An outbreak of infectious haematopoietic necrosis virus (IHNV) infection in cultured rainbow trout (Oncorhynchus mykiss) in Southwest China[J].

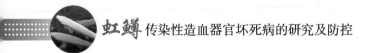

虹鳟传染性造血器官坏死病的研究及防控

Aquaculture Research, 47(7): 235512362.

ZOU J, CUNNINGHAM C, SECOMBES C J, 1999. The rainbow trout *Oncorhynchus mykiss* interleukin-1 beta gene has a differ organization to mammals and undergoes incomplete splicing[J]. Eur J Biochem, 259(3):9011908.

ZOU J, GRABOWSKI P S, CUNNINGHAM C, et al., 1999. Molecular cloning of interleukin 1beta from rainbow trout Oncorhynchus mykiss reveals no evidence of an ice cut site[J]. Cytokine, 11(8):5521560.